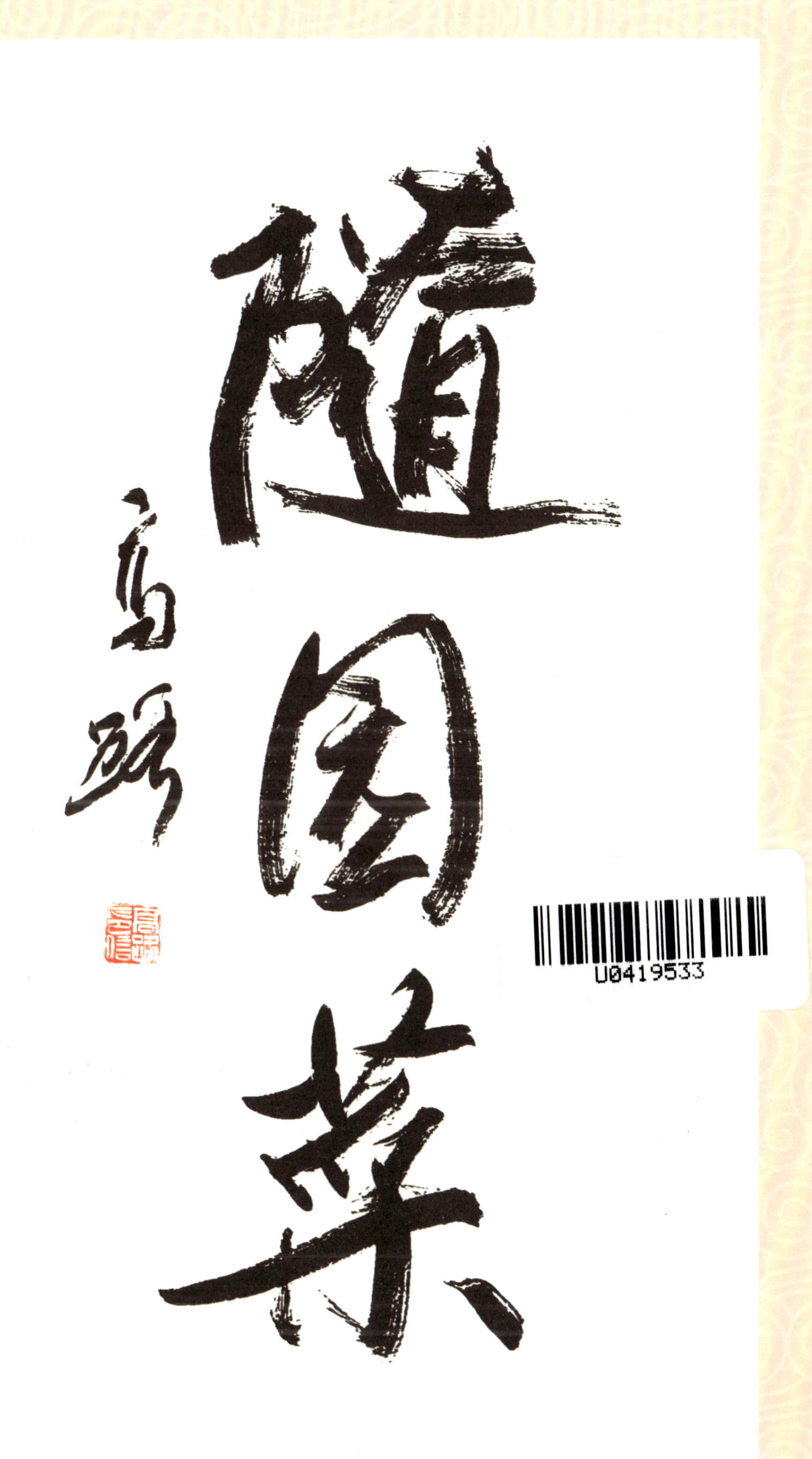

著名书法家高路先生题词

品鉴家乡味

发展中国菜

祝贺《随园菜》出版

中国全聚德（集团）股份有限公司总经理
世界中餐业联合会常务副会长
中国烹饪协会副会长

2016年2月15日

《随园菜》编委会

清代大文学家大诗人美食家袁枚先生像

随园食单研究会

SUI YUAN SHI DAN YAN JIU HUI

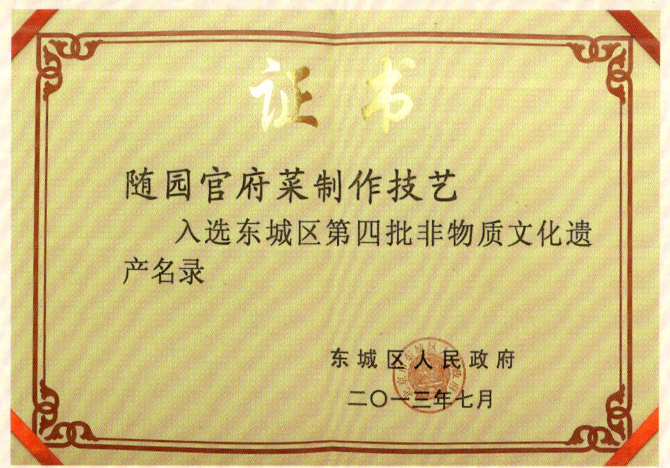

隨園食單序

詩人美周公而曰籩豆有踐惡凡伯而曰彼疏斯稗古
之於飲食也若是重乎他若易稱鼎亨書稱鹽梅鄉黨
內則瑣瑣言之孟子雖賤飲食之人而又言飢渴未能
得飲食之正可見凡事須求一是處都非易言中庸曰
人莫不飲食也鮮能知味也典論曰一世長者知居處
三世長者知服食古人進鬐離肺皆有法焉未嘗苟且
子與人歌而善必使反之而後和之聖人于一藝之微
其善取于人也如是余雅慕此旨每食于某氏而飽必
使家廚往彼竈觚執弟子之禮四十年來頗集衆美有
學就者有十分中得六七者有僅得二三者亦有竟失

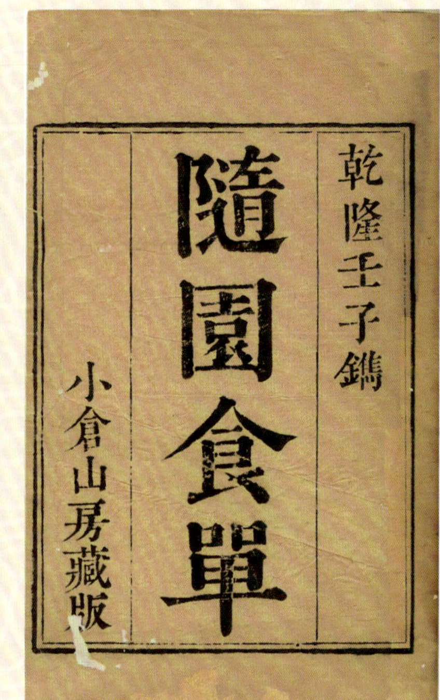

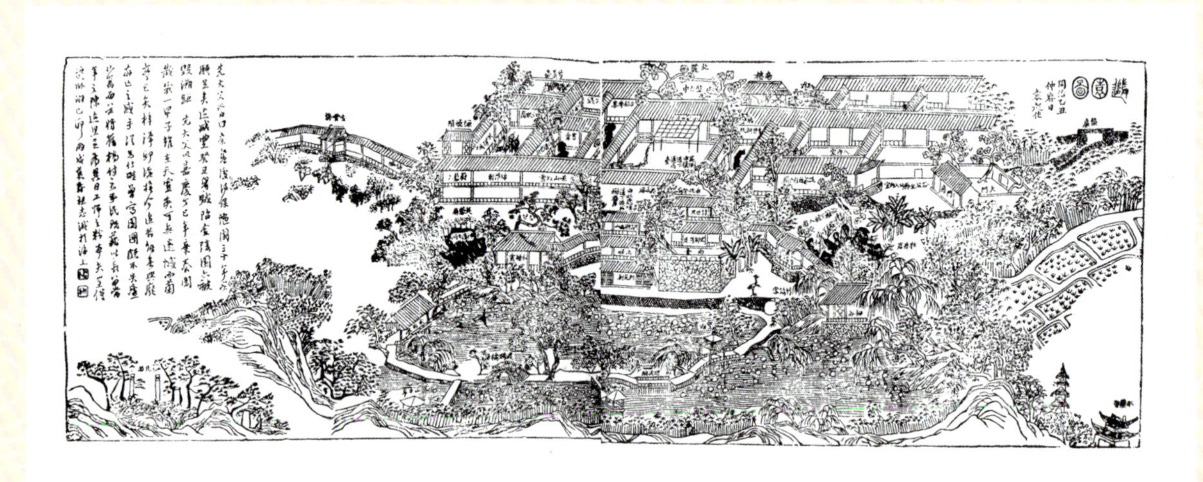

古孝子之事其親也往〻托草木以見志蓼莪有
蒿目之懷白華有思柔之色唐人孟郊有寸艸春
暉之詩吾門人張舸齋居士兼三孝子之心而獨取東
野之句顏其園曰寸草綠堂工薛太宜人苦節之貞
垂三十稔齒德既尊王醉時〻有恠舸齋憮然曰吾聞
安親之身莫如寢食處渾之養堂是也悅親之目莫如
庾信之小園是也老人血氣既衰晨羞夕膳之餘不流
覽於水竹間徐〻而行休〻而坐亦無以消其膳飲而舒其
筋骸小子曾〻雖寡言當其款招然哉乃就其屋外
之地謀得數百弓為之芟㩼蘖等以闢其基為之疊石
疏泉以引其勝為之長廊與室以宜其暑寒為之增
謻臺廣儲胥以擴其生趣購梅于銅坑衆蘭於湘沚有
禽有魚有松有桐直者曲之淤者通之又從而點登之
閣曰清娛堂曰飲綠皆就其高下為之布置春之餘秋
之始冬日之陽夏日之陰幼子童孫扶太宜人宴嬉而
出時言一茗時進一觴兒婦有鮑妹家風詩才清
妙可以進百年之歌唱長生之曲猗歟休哉想見寸
艸園中儼然王母之居少廣未必知全家之尚在人
間也余因之有感焉余年未四十辭官奉親不為不
早先慈年至九十有四不為不壽隨園臺榭不為
不多然而山勢嶔崎離親舍百餘步先慈衰矣又喜
閒靜不能時〻遊息其間今寸艸雖存而春暉不
再以視舸齋之能以名園娛養其親也能無且羨
且妒而忍愧于顏哉昔曾子閒居有饋生魚者曾
子命汨之門人曰汨之傷人不如臾之曾子泫然盡傷其
聞之晚也舸齋屬為記余不禁有曾子晚聞之悲故附
志于後以勖舸齋之及時行孝云
乾隆甲寅中元後十日隨園袁枚書時年七十九

随园食单赋

冯建华

震旦五千　馔肴丰焉　细忖翘楚　孔谭随园　剥开腠理　它叙勿言
闲说辄止　专表食单　袁枚子才　简斋自谦　仓山居士　饕界名传
祖居武林　生在临安　康熙丙申　降于尘凡　少负盛名　克勤励勉
十四乡试　俊秀魁元　三榜高中　金殿听选　乾隆欢悦　封翰林院
辟雍讲学　居国子监　七年外放　沭阳为官　潜心治政　民颂青天
推行法制　拢聚乡贤　江浦溧水　一再升迁　不负厚望　义胆忠肝
江宁重用　往来周全　尹督褒赏　才艺无前　琴棋书画　诗赋千篇
广交众友　喜游厌官　三九辞朝　乐做散仙　金陵一隅　仓山慧眼
院落衰敝　细查倪端　虽至如此　别有洞天　原府曹寅　本乃大观
后归织造　取名隋园　权奸遭报　斋荒屋闲　三百纹银　得称心愿
翻修重饰　历经数年　景为廿四　斗拱飞檐　游廊透转　阁宇湖山
花草清寂　顺遂陶然　袁枚笑曰　官易此院　逍遥行乐　是为随园
时逢盛世　坐拥康乾　南袁北纪　二位高贤　草堂烟袋　子才随园
纪修四库　袁撰食单　四千辞赋　仓集诗选　素喜饕餮　精于肴膳
效学牙尹　南北满汉　亲下庖厨　技绝非凡　袁枚百手　说菜教演
广集大成　明珠一般　烹饪之法　调和为善　简斋度忖　不敢怠慢
每遇佳肴　欣喜万般　必劳家厨　绝艺承传　虚心讨教　礼敬卑谦
博学强记　叩请垂范　乐此不疲　四十余年　广征集众　名篇收全
厨界餐饮　色彩斑斓　历数千载　凝结血汗　流派纷呈　前辈经验
仓山梳理　永为至典　各式佳肴　千锤百炼　述尽三百　成就食单
内分两类　理论实践　包罗万象　影响非凡　开篇须知　而后戒单

规矩礼法　牢记心间　详述特性　江海二鲜　水族区分　有无鳞单
牛羊归属　杂牲细观　羽族及素　各表一篇　小菜登场　点心粥饭
茶酒蹲底　记录完全　山珍野趣　粗细繁简　本真至味　谨遵久远
敲虾如纸　红煨鱼鳗　干蒸鸭子　蟹羹极鲜　御吏鸡汤　外加蛋卵
斑鱼二吃　萝卜汤圆　蜜汁火腿　鸡粥馒面　工艺考究　溜炒烹煎
芋煨白菜　假乳甘甜　以素托荤　气象万千　斗转星移　隐而不见
秘藏深阁　二百余年　君若有疑　详窥食单　人为延命　不过三餐
糕饼粥茶　一菜一饭　能得滋味　实不简单　一世长者　知居冷暖
三辈为吏　明了吃穿　彼蔬斯稗　凡伯一般　得其政者　笾豆有践
鼎烹火煮　意会心传　盐梅调味　自悟无言　甚饱过饥　至味难辨
进髻离肺　尚有法焉　乾隆五七　食单出版　风行于世　广为流传
嘉庆初政　天不假年　八十有二　羽化成仙　百步坡葬　仓山北边
皇封诰授　奉政灵前　简斋不舍　魂守随园　众皆悲泣　对空长叹
太平天国　大恶无边　罄竹难书　捣毁名园　更有文革　天怒人怨
袁枚荒塚　亦难幸免　荡平墓地　改建球馆　从此宗师　骸骨无全
二零一六　终为遗产　恰逢简斋　三百寿诞　各方鹊起　争相纪念
焚香顶礼　告慰先贤　更喜华夷　高人出现　白公常继　伏枥钻研
廿载心血　挖掘食单　秉承前学　梅香苦寒　百余名品　随园再现
国之大幸　功不唐捐　著书立说　华山论剑　教化门徒　薪火永传

乙未仲秋吉日　于问茗精舍

序一

厨师这个行业，大约起源自原始社会后期。当生产力发展到一定程度时，人们从采集、渔猎发展到种植、养殖等生产活动，食物开始出现了剩余，遂有专人从事烹调，以供祭祀或众人欢聚。

随着社会的发展，多余物资需要交换，便产生了进行贸易的人口流动，集市上也出现了专门为行旅之人服务的食肆。这样，从家庭厨务中剥离出来的专业烹调人员就产生了，这即是现代意义上的厨师。

几千年来，随着社会的发展，物资渐趋丰富，人们的饮食要求也逐步呈现多样化，这些自然促进了烹调技法的进步。另外，中国自古就是泱泱大国，人口众多，各地出产的物品不同。为便于食用，不同地方便出现了适合当地原料特性，及生活习俗的不同烹饪方法。

再有，我们每人每天，都要参与到复杂的进食实践中，自然也会积累大量的宝贵知识和经验，这些知识和经验再经过文人、从业者的总结提炼，便形成了今日丰富多彩的饮食文化。

在历代记述饮食文化的著述中，《随园食单》无疑是最精炼、水平最高的一本美食杂记。这部书由袁枚先生在18世纪中叶写成，是中国古代烹饪理论与实践的集大成者。它第一次全面而系统地总结了古代中国烹饪所取得的成就，记载了乾隆时期流行于我国南北各地（以江浙为主）的三百多种菜肴点心，是一笔极为珍贵的文化遗产，二百多年来被餐厨界奉为“圣经”。

袁枚先生生于1716年，在先生300年诞辰之际，“随园菜”非物质文化遗产传承人白常继先生经过多年研究，隆重推出《随园菜》一书。在这本书中，白常继先生以亦庄亦谐的形式，对《随园食单》内容进行了逐篇探讨、点评，挖掘整理出150余款佳肴点心，辅以精美图片，独创性地再现了“随园菜”的精髓。

我与白常继先生是多年挚友，他待人真诚礼让，尊敬师长，好学不倦。值此新书出版之际，谨以此序向他表达祝贺之忱。

张文彦

2016年2月6日于北京

当今，中国餐饮市场百花齐放，高度繁荣。作为一名三十年的从业者，近十年来，我一直从事健康餐饮的商业模式研究和养生餐的落地实践。乙未年丹桂飘香时节，我在金陵小仓山再遇《随园食单》，突然发现随园菜中“选材新鲜、中庸调和、还原本味”的特点，跟食疗养生的理念，天然匹配，高度合拍！于是，我开始了随园菜的追踪！

上世纪80年代末，当年的金陵厨王薛文龙大师将100多道菜肴加以挖掘整理，复活随园菜，并征服海内外食客味蕾。但，随着他的仙去，一代名菜渐渐远离大众视野。在万般遗憾中，我看到一篇文章“南有薛文龙，北有白常继”，我立刻折身回京。在小康兄的引荐下，见到了耗费毕身精力钻研随园菜的一代名厨白常继先生。不到一个时辰，我们就“光复随园菜”一拍即合！

我佩服白先生！他几十年如一日，在远离聚光灯，没有食客喝彩，甚至在两次实践失败后，仍然独自在灶台前执着前行！这样的坚持，在以市场为导向的今天，比黄金更值钱，比钻石更可贵！

我有幸品尝白先生烹饪的随园菜，真实体味袁枚所言“一物各献一性，一碗各成一味”的神韵！就是最不起眼的腌萝卜，都可以做出无数花样！我更有幸拜读了白先生用操刀掌勺之手书写的《白话随园食单》，他将食单娓娓道来，还带着北京人的幽默和调侃，让你领略美食文化的风采！

如今，白先生的另外一本《随园菜》即将面世。假如袁枚老先生泉下有知，三百年后的今天，来自北京和南京两座古城的热爱餐饮事业一群人，如醉如痴地挖掘与发扬随园菜，一定会高兴得笑出声来！

我坚信，传承和创新随园菜，将对餐饮文化起到里程碑似的推动意义！中华民族餐饮文化的伟大复兴正当时！

愿更多朋友与我们同行！

倪兆利

2016年阳春于南京五季随园

随园菜小传

白常继

圣云："民以食为天"。昔太古茹毛饮血，饭糗茹草以腹。历五千余，曰鼎鸣饕餮，亦或糜粟尔，尽色矣。其肴腴馔丰，皆上德也。

食本，从一谬次。然识馐者几？牙尹擅调，以至今焉，了然者，枚也。

夫袁枚者，字子才，号简斋，晚号仓山居士、随园主人、随园老人。康熙五十五年丙申春日诞于杭州。其幼赋禀异，擅诗文。丁未院试，中，入县为生员，年十二，誉神童尔。

庚戌岁试，受享。丙辰乡试，中。乙未廷考，题曰："赋得因风想玉珂"。因"声疑来禁院，人似隔天河"，得司寇尹继善举，中进士，封翰林院庶吉士也。

壬戌外放，历沭阳、江宁、溧水、江浦上元知县。推法制，不避权贵尔，绩，得尹督赏。乙丑离，受黎庶攀车饯酒，泣不舍矣。

乙巳父殁，枚大恸，辞官孝母之。于江宁地，三百银购隋氏废园者。置景廿四，阁宇楼榭、斋馆堂亭尽备，始更名曰"随园"者是也。

随园本织造曹府，雪芹大观尔。后曹頫因亏获罪，隋氏窃得。呜呼，然因果不昧，速遭报矣。其园遂弃，枚始得焉。

然，枚斯乐随园，闲享五十载，于程晋芳信曰："吾辈身逢盛世，非有大怪癖、大妄诞，当不受文人之厄。"后，暮游诸山，修禊会友、论啖庖厨者耶。

时有钱宝意者题诗颂曰："过江不愧真名士，退院其如未老僧；领取十年卿相后，幅巾野服始相应。"枚亦以一联应之曰："不作高官，非无福命祇缘懒；难成仙佛，爱读诗书又恋花。"

戊申枚七十又三，受吕峄亭邀，至沭阳，众趋三十里迎。枚甚感，书《重到沭阳图记》以念之。

嘉庆二年，丁巳冬月子才不禄，年八十二，葬小仓山随园百步坡矣。遗诗赋四千，著《小仓山房集》、《随园诗话》及《随园补遗》、《子不语》、《续子不语》、《随园食单》等耶。

其《随园食单》尤可道哉，乃震旦庖厨之圣典也。其理践详透，廿须知及十四戒，警策规妙；十二单三百余肴，集四十载苦究而成。试论前古后至，实不就也。今八菜系、四风味之盛名，暨官府肴馔，惟孔、谭、随园鼎立尔。

孔肴自宋始，历千余载。其一菜一法一味之技，绝非谬矣。更有圣训："斋必变食，居必迁坐、食不厌精，脍不厌细，食噎而竭，鱼馁而肉败不食，色恶不食，臭恶不食，失饪不食，不时不食，割不正不食，不得其酱不食，沽酒市脯不食，唯酒无量不及乱，肉虽多，不能胜食气。"之语等，非寻常者也。

谭馔亦曰"榜眼菜"，因甲戊科，谭宗浚中榜眼，而誉之。其子篆青，更作《谭馔歌》记之。篆青三如赵氏，慧丽贤颖，擅烹制调；尤以燕翅成席傲世。昔有"观止矣，虽有他乐，不敢清矣。其味之鲜美可口，虽南面王而不易也"，亦有"无腔不习谭，无口不赞谭"之传尔。

然随园宴饮，则更无虚言矣。其以江南味主也，融各派为通衢，且独具本有之。于摄养、工细、汤醇、色雅、味绝称之；其奢不殄、细不造、繁不俗、杂不乱，是为千载美味之精也。

常继自惭不才，历时廿余载研习随园肴馔；得高师领引，众友提携，于随园之诸法行持颇具心得。先有拙作《白话随园食单》尔，后于直隶"随园小築"灶觚下演练。更得文委不弃，担"随园非遗传承"之重任。常继惶恐，倍感德之不具，力衰难负矣。

然常继虽鄙，伏枥之骥尚存。转瞬即袁公三百诞耶，余当以诚尽赴，愿沁碧血化上味露浆，方不负师友之厚望、徒子之格孝矣。

此致

常继顿首再叩

丙申正月吉日

目录

海鲜单

江鲜单

特牲单

杂牲单

羽族单

水族有鳞单

水族无鳞单

杂素菜单

小菜单

点心单

附录：随园食单全席

跋

后记

海鲜单

古八珍并无海鲜之说。今世俗尚之，不得不吾从众。作《海鲜单》。

杨明府冬瓜燕窝

原文
燕窝贵物，原不轻用。如用之，每碗必须二两，先用天泉滚水泡之，将银针挑去黑丝。用嫩鸡汤、好火腿汤、新蘑菇三样汤滚之，看燕窝变成玉色为度。此物至清，不可以油腻杂之；此物至文，不可以武物串之。今人用肉丝、鸡丝杂之，是吃鸡丝、肉丝，非吃燕窝也。且徒务其名，往往以三钱生燕窝盖碗面，如白发数茎，使客一撩不见，空剩粗物满碗。真乞儿卖富，反露贫相。不得已则蘑菇丝、笋尖丝、鲫鱼肚、野鸡嫩片尚可用也。余到粤东，杨明府冬瓜燕窝甚佳，以柔配柔，以清入清，重用鸡汁、蘑菇汁而已。燕窝皆作玉色，不纯白也。或打作团，或敲成面，俱属穿凿。

袁枚讲过一个故事，曾经有位太守请客，用像缸臼一样的大碗盛了四两白煮燕窝，而且一点味道都没有。于是袁枚讪笑讥讽道："我们是来品食燕窝的，可不是来采购囤积燕窝的。"虽然袁枚言语犀利刻薄，但这种吃法纯粹就是"暴殄天物，耳餐目食；夸富炫耀，糟蹋东西"。

这样一大碗白煮燕窝，所用珍贵食材的数量虽多，但由于缺乏高汤副料的辅佐，以及精湛的烹饪技艺，即便再是稀有珍贵的食材，无论如何也是无法让客人入口下咽的。由此说来这又有什么用呢？如果只为虚夸体面，那还不如就在碗中放入百粒明珠，请客人随便取用来得更为实惠一些。

袁枚在粤东曾品尝过杨明府的冬瓜燕窝，感觉味道新奇独特、甚为美妙，同时这道菜品也正应了"以柔配柔、以清入清"的美食法则。杨明府用假燕窝配真燕窝，准确地讲应该叫"真假燕窝"。假燕菜也叫素燕，此法其实古已有之。相传在唐武则天时，就有用白萝卜做的假燕窝，不过杨明府的假燕窝是用冬瓜做成的。

现在冬瓜燕菜已发展成不放真燕窝，而单独用冬瓜制作的假燕窝直接上席，此菜名为"雪燕冬瓜"。用冬瓜制作的燕菜嫩白而透明，汤清如水，鲜香软润。无论从色泽、形状，乃至口感、味道等方面，均酷似燕菜，从而深受广大食客的欢迎和喜爱。

制作方法

主料 燕窝 100 克

配料 冬瓜 500 克，清鸡汤 500 克

调料 熟火腿、干淀粉、盐

1. 冬瓜去皮、籽后，用刀片成薄片，再切成长的银针细丝。蘸上干淀粉，炒锅置火上加清水烧沸。放入冬瓜丝汆至色白发亮后，放入冷开水中漂凉后成素燕，捞出整理好放入汤碗内待用。熟火腿切成细丝待用。
2. 燕窝择去燕毛蒸透，放在冬瓜丝上。
3. 锅加清鸡汤蘑菇汤调好味，烧沸注入碗中，点缀上火腿丝即可。

菜品特点：

菜色素雅，色白而晶莹、汤色清澈，柔软嫩滑。

松菌燕菜

原文 松菌加口蘑炒最佳。或单用秋油泡食，亦妙。惟不便久留耳，置各菜中，俱能助鲜，可入燕窝作底垫，以其嫩也。

燕菜即是燕窝，南方人称燕窝，北方人称燕菜，此乃金丝燕以唾液分泌物所筑的窝巢。因其产量稀少，且营养价值极高，自古以来就是名贵的滋补上品，绝非寻常之物。

据清宫《膳考》对乾隆皇帝每日进食御膳，曾有如下记载："今上每晨起，必空腹进冰糖燕窝粥一品。"由此可知，燕窝作为养生补品，是乾隆皇帝每天所不可缺少的。然而到了清代末年慈禧临朝，我们从《膳底档》中发现，燕窝则更成了圣母皇太后与光绪皇帝每日御膳之必须了。

当今采集燕窝的手段是越来越先进，燕窝也就越来越少，从而也就越来越珍贵。作为筵席档次高贵的标志，有燕窝之席才算是顶级。一般燕窝在高档宴席中均为头道菜品，均在经典大菜之前首先奉上。而绝对没有肥浓之物充腹之后，压桌后上的道理。

燕窝上桌是极其讲究餐具配套的，器皿要求必须精巧雅致，所谓美食必配美器。此菜上桌宜先用汤碗盛装，让宾客看清后再分装小盏，以羹匙细品。

袁枚对吃燕窝是颇有心得的，燕窝本身味淡，全仗高汤扶持。松菌至鲜，放在任何菜中都能增加鲜味，用它来做燕菜垫底，再把鸡汤、火腿汁调匀以为辅佐，绝对是妙不可言！

制作方法

主料 燕窝100克

配料 松菌

调料 清汤、盐、食用碱

1. 燕窝泡发后择净燕毛，加入纯净水蒸发制作，涨发后沥干水分。
2. 松菌泡发后洗净，放入高汤中煨炖入味，取出放入碗底，把发好的燕窝放在上面。
3. 锅中放清汤烧沸，然后加盐调味，缓缓倒入碗中，倒时用勺盖住，不要冲散燕窝。

菜品特点：

此菜看似清淡如水，而松菌之浓香与汤之鲜香，却把燕窝的制作推向极致。

红煨海参

原文 海参，无味之物，沙多气腥，最难讨好。然天性浓重，断不可以清汤煨也。须检小刺参，先泡去沙泥，用肉汤滚泡三次，然后以鸡、肉两汁红煨极烂。辅佐则用香蕈、木耳，以其色黑相似也。大抵明日请客，则先一日要煨，海参才烂。尝见钱观察家，夏日用芥末、鸡汁拌冷海参丝，甚佳。或切小碎丁，用笋丁、香蕈丁入鸡汤煨作羹。蒋侍郎家用豆腐皮、鸡腿、蘑菇煨海参，亦佳。

海参又叫海黄瓜、土肉，因其营养价值可以与人参相媲美，故名海参。海参品种繁多，在全世界大约有900多种，可供食用的就有40余种。其总体分为两大类，即带刺的与不带刺的。市场上常见的商品参有：刺参、梅花参、方刺参、白石参、克参、猪虫参、乌参、白瓜参等，其中以刺参质量为最好。海参是海味之珍品，为宴席中之名菜，以海参入馔，其制法以扒、烧、煨、焖为多，也可煨煮和做汤等。

海参在制作方面，无论用哪种方法加工，去腥提鲜最为关键。海参本身除了海腥气较重以外，没有其他特殊的味道。如果只求其名，而不求其功效；只求外形美观，而不会烹制其味，则必然会味道腥重且难以下咽。袁枚在《耳餐》中有云："贪贵物之名，夸敬客之意，是以耳餐，非口餐也。不知豆腐得味，远胜燕窝。海菜不佳，不如蔬笋。余尝谓鸡、猪、鱼、鸭，豪杰之士也，各有本味，自成一家。海参、燕窝，附庸之物也，全无性情，寄人篱下。"

袁枚所言无差。红煨海参即深得此法。海参欲得真味，须用鸡汤、肉汤辅佐，且以汤浓者取胜。同时以葱、姜去腥，用小火慢慢煨炖。这样制作出的海参，参味醇厚、到口酥透、汁稠汤浓、鲜香味美。

在上海的"本帮菜"系中，有一道名为"虾籽大乌参"的菜品，烹制时所使用的就是此法。煨参时取红烧肉的炖汁佐辅以虾子，再加鸡汤、酱油、绍酒、白糖等，用小火慢慢煨透。此法本是业内不传之秘，但岂不知这是当年袁枚早已使用过的技法。

制作方法

主料 水发刺参500克

配料 水发香菇、木耳

调料 酱油、绍酒、糖、葱、姜汁、鸡汤、生粉

1. 干海参提前发制，置水锅中加酒、葱、姜、微煮去除腥味，然后捞出待用。
2. 炒锅上火烧热，放油，将葱、姜入锅，用小火炸葱油待用。
3. 将发好的海参洗净，香菇、木耳分别泡发洗净。
4. 锅中葱、姜爆香锅底，加酱油、绍酒、白糖、鸡汤、炖肉的肉汤，然后放入海参、香菇、木耳，用大火烧开，改小火煨炖入味，再收汁、勾芡、淋葱油，起锅装盘。

菜品特点：

火候讲究、醇香味透，口感软糯滑爽，芡汁红亮鲜香。

吴道士萝卜鱼翅

原文 鱼翅二法：鱼翅难烂，须煮两日，才能摧刚为柔。用有二法：一用好火腿、好鸡汤，加鲜笋、冰糖钱许煨烂，此一法也；一纯用鸡汤串细萝卜丝，拆碎鳞翅搀和其中，飘浮碗面，令食者不能辨其为萝卜丝、为鱼翅，此又一法也。用火腿者，汤宜少；用萝卜丝者，汤宜多。总以融洽柔腻为佳。若海参触鼻，鱼翅跳盘，便成笑话。吴道士家做鱼翅，不用下鳞，单用上半原根，亦有风味。萝卜丝须出水二次，其臭才去。

所谓鱼翅，就是用鲨鱼、鳐鱼、银鲛鱼等多种鱼的胸、腹、尾等处的鳍翅干制加工而成，与燕窝、海参和鲍鱼并称为中国四大“美味”，同时也被列为古代“八珍”之一。虽然“八珍”之说有多个版本，但都有鱼翅名列其中，由此可见鱼翅在饕餮美食当中的重要地位。

数千年以来，鱼翅在我国一直都是闻名遐迩的佳肴珍品，自古就有“无翅不成席”之说。虽然鱼翅极为名贵，但在制作菜品的过程中，关键是对于火候的把握。鱼翅老嫩通常难以鉴别，每块鱼翅的老嫩也各不相同，而且极难烹烂。这就需要厨师在制作鱼翅时，通过认真仔细地观察，严格注意掌握火候，才能摧刚变柔，使菜品得以完美。

袁枚在《随园食单》上就曾记录有两种制作鱼翅的方法，其中最为新奇的，就是吴道士的做法。他将鱼翅和萝卜一同烹制，而且不用下鳞，单用上半截的原根翅针。其选料真可谓是精益求精。

具体做法是：首先把鱼翅泡发，然后用竹箅子夹住或用纱布包好，取鸡、鸭、干贝、火腿，加葱、姜、黄酒等煨炖成高汤，然后将鱼翅放入此汤中焖泡 5 至 7 小时后，除去汤内杂料，用原汤养翅待用。配料选用大白萝卜去皮切丝，萝卜丝须在滚开水的水锅中三汆烫，目的就是为了去掉萝卜的臭气方可制菜。

用老母鸡汤调味，放入白萝卜丝及鱼翅和入其中煨炖。此菜的搭配不可不谓之巧妙，吴道士将这一贵一贱二物合而烹制，菜品制成后使人无法辨别哪是萝卜，哪是鱼翅，真正达到以假乱真、真假难辨的地步。

制作方法

主 料 水发鱼翅 750 克

配 料 白萝卜、老母鸡一只、蹄膀一只、火腿 150 克

调 料 盐、绍酒、葱、姜、高汤、豆苗

1. 鱼翅去除净骨，以清水漂洗干净，捞出入水锅加酒、葱、姜微煮去其异味，然后用洁净纱布扎起备用。
2. 老母鸡收拾干净，用刀剁成四大块，蹄膀、火腿洗净同入水锅，大火煮开撇去浮沫，将包好的鱼翅放入后，改用小火煨炖半日，待鱼翅煨软后取出汤料，原汤养翅待用。
3. 白萝卜洗净去皮切细丝，放水锅中氽烫捞出，换鸡汤旺火煮开后再氽一次，彻底除去萝卜异味待用。
4. 炒锅上火放油煸香葱段，烹入料酒加入鸡汤，烧开后捞出葱，加姜汁、盐、绍酒调味，分别将鱼翅、萝卜丝放入煨烫，然后盛入碗中，先放萝卜丝再用鱼翅盖帽，最后浇汤，用豆苗、火腿丝点缀即可。

菜品特点：

色泽淡雅，选料精细，搭配巧妙，风味独特。

郭府鱼翅炒菜

原文 鱼翅难烂，须煮两日，才能摧刚为柔。总以融洽柔腻为佳，若海参触鼻，鱼翅跳盘，便成笑话。尝在郭耕礼家吃鱼翅炒菜，妙绝！

有一次，袁枚受一盐商相请，宴席上各种菜品约有三十余道，点心十六道，冷热荤素外加点心共计四十余种。主人自觉欣然得意，却不知袁枚散席还家，仍以煮粥充饥。

世人不解，此是为何呢？原来此宴席好东西太多、制作又不得法，纯属糟蹋好食材，造成袁枚难以下咽。须知一个有名的厨师，即使竭尽心力，一天之内能做出四五味上好菜品，就已经很不容易了。这就好比名家写字，写得过多一定有败笔；名人作诗，作得过多同样会有平庸的句子。何况是应付乱七八糟、胡乱陈列的一桌酒席呢？假如帮厨的人多，自然也会各有见解。如无统一规则，龙多不下雨、鸡多不下蛋，人越多越糟！所以袁枚在戒单中，严批此种做法为“目食”。

什么叫“目食”呢？所谓“目食”，就是贪多、能看不能吃。现在有人仰慕用餐大方，为求虚名，杯、盘、碗、盏重叠堆架，犹如瓷山肉坛、酒海蔬林一般。这就是给眼睛看的，而不是给嘴巴吃的。人置席中，被腥膻恶味熏蒸，名为大饱眼福，实际折阳损寿。

袁枚好友郭耕礼乃饱学之士，不但金银富足，更是深明饕餮妙趣。郭家菜品中，被袁枚称作“绝妙之肴”的，是一道著名的“鱼翅炒菜”。

这道“鱼翅炒菜”，是将各种山珍海味融为一盘，最后在上面以鱼翅盖帽。此菜在明清时即是有名的大菜！官场称其为“全家福鱼翅盖帽”。制作此菜全凭厨师在烹调时，如何利用精心熬制的上汤，将鱼翅和各种海味煨至黏软嫩滑入味，才成其为一道可口的上等美味。

制作方法

主料 鱼翅、海参、鲍鱼、蹄筋、鱼肚各 100 克

配料 菜心、大虾片、鸡脯肉、冬笋、水发冬菇、熟火腿各 15 克

调料 清汤、酱油、料酒、糖、盐、葱油、湿淀粉各 10 克

1. 将各种原料分别发制后，将鸡脯肉切成薄片放入碗中，用鸡蛋清、精盐、湿淀粉浆好，海参切片、蹄筋切两半、鱼肚切大片。
2. 海参、鱼肚、蹄筋、鱼翅用清汤汆一下，鸡片、鱼片、虾片用沸水汆熟，把各种主料放在一个大汤碗内，锅上火，把海参、鲍鱼、蹄筋、鱼肚飞水，将火腿、冬笋、冬菇、菜心相间摆在上面烧制。
3. 鱼翅发好后放鸡汤中蒸烂，然后置锅中扒制，最后浇在海杂拌上面。汤锅内放入清汤、精盐、料酒，以旺火烧开，加味精后将清汤倒在汤碗中即可。

菜品特点：

原料多样，味道鲜美，营养丰富，美观大方。

杨中丞鳆鱼豆腐

原文 鳆鱼炒薄片甚佳，杨中丞家，削片入鸡汤豆腐中。号称『鳆鱼豆腐』；上加陈糟油浇之。

鲍鱼的别名很多，古称鳆，又称镜面鱼、明目鱼、石决明肉、千光里、九孔螺，俗称耳片趴窝、海耳九孔。鲍鱼其实不是鱼，也不是螺，是贝类。在我国港、澳、台地区，只有大鲍鱼才配得上叫鲍鱼。鲍鱼入馔历史悠久，自古就是高级美味，明清时期被列“八珍”之一。鲍鱼在我国餐饮食材的历史上，从来都有着崇高的地位，如今则更是“鲍、参、翅、肚”四大海味中的至尊魁首。

鳆鱼豆腐的制作方法实质为“溜”，但所用糟油并非是现在制作糟溜鱼片所用的糟汁，而是江苏太仓出产的糟油。太仓糟油始创于清朝乾隆年间，是酿酒商人李梧江突发奇想偶然发明的。他在酒浆中加上丁香、月桂、玉果、茴香、玉竹、香菇、白芷、陈皮、甘草、花椒、麦曲、盐等二十多种辅料封缸一年。事后拿出让亲友品尝，大家尝后齐赞此物色味俱佳、独特新奇。李梧江也是喜出望外，并定名为糟油。

糟油最早是作为特产在江浙一带民间流行，清朝嘉庆二十一年开始正式酿制发售，并逐渐传至四方，成为官礼。

到了清朝末年，传说慈禧太后爱吃糟油，常派人来太仓采购，故太仓“老意诚糟油店”中曾有一块“进呈糟油”的金字招牌。糟油为江苏太仓特产，《太仓州志》就有“色味俱胜，他邑所无”的记载。糟油具有提鲜、解腥、开胃、增进食欲的作用，而且营养丰富，烹调中加入糟油，会使菜肴更加可口，极富江南特色。

制作方法

主料 嫩豆腐 500 克

配料 鲍鱼 200 克、冬茹 40 克

调料 盐、糟油、鸡汤、生粉

1. 豆腐去老边切长方片，鲍鱼切片、冬菇切片。
2. 锅中放水加少量盐，煮沸后放入豆腐汆去豆腥味待用。
3. 炒锅上火放入鸡汤，将豆腐沥干水分放入锅内，加入鲍鱼片、冬菇片、盐，煮至豆腐浮起后放入糟油，用水淀粉勾薄芡，起锅装入碗中。

菜品特点：

糟香耐香，香气芬芳。

生炒鳆鱼片

原文 鳆鱼炒薄片甚佳。

鳆鱼古称为"鳆"，又称镜面鱼、明目鱼、石决明肉、九孔螺、千光里，又俗称耳片趴窝、海耳九孔等。其实这鳆鱼就是鲍鱼！

鲍鱼入馔历史悠久，与燕窝、海参、鱼翅、鱼肚、干贝、鱼唇、鱼子合称为"海八珍"。全世界约有鲍鱼100余种，尤其是日本的极品鲍、网鲍、麻窝鲍，被称作是鲍鱼中的极品。

鲜鲍鱼以生炒为佳，不过鲜鲍毕竟不能与干鲍相提并论，口感与滋味都有着天壤之别。鲍鱼美味自古以干鲍为上，经过干制的鲍鱼，其味道香醇、口感弹牙、汤汁秘香、回味无穷。同时它有一种天然的鲍香，其味道实在是其他海味所不能比拟的。干鲍珍贵，同样的重量，干鲍的价格是鲜鲍的数倍以上。

古时交通不便，使得鲜鲍难求，所食鲍鱼只有干鲍。天然生产的活鲍鱼，过去在内陆实不多见，有道是物以稀为贵。故其价格十分昂贵，只有达官显贵才能有福品尝，平民百姓是无缘消受的。近年来，由于人工养殖成功，产量也在不断地稳步增长，寻常百姓吃鲍鱼，也不再是什么了不得的事情了。

炒鲜鲍要求旺火速成，绝对不能炒老。另外，在炒之前，须将鲍鱼片用调料"郁"一下。什么意思呢？这郁字经常在古籍菜谱中出现，有时还写作鬱。首先郁与鬱同字，鬱为繁写，郁有郁酿之意，用白话来讲就是现浆现炒。这是烹饪的一种上浆手法，可保持原料水分，使之鲜嫩。

制作方法

主 料 鲜鳆鱼 500 克

配 料 冬笋 50 克、冬菇 25 克

调 料 盐、酱油、绍酒、糖、姜汁、生粉、胡椒粉、素油

1. 鲜鳆鱼去壳，剔除鳃及吸盘老皮，然后用刀片成大片，放入碗中待用，冬笋、冬菇同样用刀切成片状待用。
2. 临烹炒时，将鳆鱼片用酱油、料酒、湿淀粉郁之。
3. 炒锅上火，倒入油烧五成热时，速将鳆鱼片入锅中略炒，随即放入笋片、香菇片，加入调料以旺火炒均，勾芡翻炒后均匀装盘，最后撒上胡椒粉上桌。

菜品特点：

色泽清亮，鲜嫩爽口。

庄太守鳆鱼煨鸭

原文 庄太守用大块鳆鱼煨整鸭，亦别有风趣。但其性坚，终不能齿决。火煨三日，才拆得碎。

袁枚好友庄以舫任金陵知府时，家中有一道看家菜，名为“鳆鱼煨鸭”。庄知府常以此菜作为话题，设局招待各方官吏和名士。袁枚对于这道“鳆鱼煨鸭”颇为赞赏，于是将其收录在《随园食单》中。

鳆鱼即是鲍鱼，分为干鲜两种，其中以干鲍鱼为上。干鲍鱼常以“头”来论其优劣。同样的品种，9 头鲍自然要贵过 15 头的，少于 5 头的已算上品，如果是 3 头以上的则为极品了。俗话说“一口鲍鱼一口金”就是这个意思。庄知府家中制作的这道“鳆鱼煨鸭”，其食材选用的就是极品大干鲍，足见此菜之珍贵。

鲍鱼这种食材，最适合的烹饪方法就是红烧、煨、炖，这样才能让鲍鱼软糯入味。用鲍鱼煨整鸭，如此搭配倒也别致风趣。但是干鲍鱼质地比较坚硬，用袁枚的话来说：须“火煨三日，才能拆碎。”所以制作此菜，必须先用微火将鲍鱼煨制三天，使其软糯才行。

“鳆鱼煨鸭”这道菜，吃的是口感和味道。鲍鱼绝对不能咬着费力、嚼着费劲，必须要有吃花菇的口感，柔润鲜嫩才好。鸭子鲜美酥烂，味道肥润可口。鲍鱼与鸭子合二为一，相得益彰，再加上汤醇味厚，自然是回味无穷。

制作方法

主料 鸭一只

配料 干鲍鱼十只

调料 盐、绍酒、姜、葱、酱油、白糖

❶ 干鲍鱼用鸡汤提前发制煨透。

❷ 鸭子宰杀放血，烫去鸭毛取出内脏，清洗干净后放入水锅中，加酒、葱、姜略煮，撇去浮沫，捞起再洗净，将锅中原汤去渣沥清留用。

❸ 将鸭颈斩几刀勿斩断保持原形，剔除尾部鸭臊放入沙锅内，倒入煮鸭原汤放入鲍鱼，加绍酒、酱油、白糖、葱、姜等调料，用旺火烧沸，然后移小火加盖一同煨至酥烂，调味收汁即可。

菜品特点：

此菜注重火工，汤醇味香，鸭子酥烂离骨，却不失其形。

淡菜煨肉

原文 淡菜煨肉加汤，颇鲜，取肉去心，酒炒亦可。

淡菜古称壳菜，又称东海夫人，也叫青口、贻贝，北方叫做海红。因其营养丰富、味道鲜美而被誉为“海中鸡蛋”。

所谓淡菜，实际是紫贻贝的肉，经煮熟后制成的干制品。因其味美而淡，煮熟去壳晒干而成。又因其煮制时不加盐，故名淡菜，亦叫淡菜干。历史上淡菜干一直是作为朝廷贡品，所以也叫贡干。

明代《海味索引》中“淡菜铭”上记载：“食土人之毛，有淡其菜，淡而不厌毛犹有论。淡味也，内也，毛象也，外也。食其味，核其象，观其外，知其内。”

淡菜味道鲜美、营养价值极高，且有滋阴之力。不论在我国还是西欧诸国，淡菜都被视为天然的滋补营养保健佳品。淡菜干呈浅黄、金黄、黄红等颜色，个别贝肉有细沙和肠胃纱线，所以在食用前还需要清洗干净。淡菜干的品质特征是：形体扁圆、中间有缝、外皮生小毛，其色泽黑黄。选购时以体大肉肥、色泽棕红、富有光泽 、大小均匀、质地干燥 、口味鲜淡等，没有破碎和杂质的为上品。

淡菜主要产于我国黄海、东海等海域，是一种既美味营养而又实惠的海产品。淡菜可煨肉、煮汤、红烧等，其以身干、色鲜、肉肥者为佳。淡菜肉大而肥，其味醇厚无腥气，香鲜滋润。

鲜淡菜去掉内脏，以酒炒食别具一格。干品则需在使用时洗净泥沙。制作淡菜首先需要大火烧开，然后用小火煨炖，多用绍酒去腥增香是此菜的关键。《随园食单》中，袁枚的做法是将淡菜洗净，用肉与其共同煨炖，自然是美味异常。

制作方法

主料 五花猪肉 400 克

配料 淡菜 400 克

调料 酱油、绍酒、糖、葱、姜

1. 干淡菜泡发，去心取肉，洗净泥沙待用。
2. 五花肉刮净毛切成方块，炒锅放油用文火煸透，加酱油、绍酒、糖、葱、姜等调料，加入高汤，放入洗好的淡菜，以旺火烧沸，撇去浮沫，换砂锅煨制。
3. 用大火烧开，改用小火，盖上砂锅盖，煨至酥透，再以旺火收汁，起锅装盘即可。

菜品特点：

淡菜佐肉煨之，营养丰富、肉质细嫩、滋味鲜美、醇厚，别具一格。

龚司马煨乌鱼蛋

原文 乌鱼蛋最鲜，最难服事。须河水滚透，撤沙去臊，再加鸡汤、蘑菇煨烂。龚云若司马家，制之最精。

龚司马，名柱，字云若，乃金陵八家龚贤之子。龚贤（1618—1689）江苏昆山人，字半千，号野遗、如柴丈人、半亩居人、清凉山下人。龚贤与吴宏、高岑、樊圻、叶欣、邹喆、胡慥、谢荪等人，被誉为"金陵八大家"。龚贤在清凉山下筑"半亩园"，深居简出，不事权贵，以卖画为生，过着清苦恬淡的隐居生活。龚贤死后，龚柱山水画风得其家学，笔墨颇有乃父遗韵。后考得功名官至同知，佐理知府盐政，缉捕盗匪、海防等行政事宜。明、清时同知被雅称为司马。龚司马家半亩园离随园不远，故龚袁二人时常走动，谈诗论画。

乌鱼蛋，乃雌性乌贼鱼（俗称墨鱼、墨斗鱼）的产卵腺，也称月蛋。其形状椭圆，外面裹着一层半透明的薄皮（即脂皮）。乌鱼蛋含有大量蛋白质，主要产于山东青岛、烟台等地，有鲜制、腌制、干制之别，一向被视为海味珍品。袁枚就曾在龚司马家品尝了一款"鸡汤蘑菇煨乌鱼蛋"，颜色洁白、蛋形完整、酥嫩滑润可口。

通常乌鱼蛋的一般做法为"烩"，先把乌鱼蛋煮熟后一片片地揭开，并反复换水去掉其咸腥气味。然后将汤勺置于旺火上，放入鸡汤、乌鱼蛋、酱油、绍酒、姜汁、精盐和味精，待汤烧开后勾芡，再放入醋和胡椒粉，最后淋入葱油倒在碗内，撒上香菜末即成。其特点是：汤汁清亮、色呈微黄，乳白色的乌鱼蛋漂浮其间，清鲜中微带酸辣，食之开胃解腻，是筵席上的一道高档汤菜。

制作方法

主料 鲜乌鱼蛋 400 克

配料 蘑菇

调料 盐、绍酒、姜汁、鸡汤、胡椒粉、香醋

1. 乌鱼蛋洗净撕掉黑膜，注意保持完整，入水锅中加酒、姜汁微煮以去腥味，捞出待用，蘑菇洗净切丁。
2. 用砂锅加入鸡汤，然后放入乌鱼蛋，等汤沸后加入盐、绍酒、葱、姜汁、胡椒粉，用小火煨之。
3. 乌鱼蛋煨透后，加入蘑菇片下调味料找口，放入香醋即可出锅盛入碗中，最后放香菜叶点缀。

菜品特点：

乌鱼蛋通常做汤羹，用整蛋制肴甚少，配以蘑菇提鲜。入口酥嫩、味道鲜美、别出心裁。

江瑶柱蒸瓜脯

原文 江瑶柱出产宁波，治法与蚶、蛏同。其鲜脆在柱，故剖壳时，多弃少取。

江瑶柱就是我们通常所说的干贝。但虽为干贝却有不同，因干贝是扇贝类闭壳肌干制品的总称。此类约有400余种，常见的有60余种。准确地说，江瑶柱属蚌类。袁枚所讲的江瑶柱，是由宁波所产江瑶贝干制而成的，其味道特别鲜美。

《老学庵笔记》上说："明州江瑶柱有二种：大者江瑶，小者沙瑶。然沙瑶可种，逾年则江瑶矣。"在沿海地区更有俗谚云："海参鲍鱼江瑶贝，八珍稀缺真美味；但得食后经三日，鸡虾猪羊犹乏味。"由此可见，江瑶柱之鲜美非同一般。

苏东坡曾著有《江瑶柱传》一文，文中说："生姓江，名瑶柱，字子美，其先南海人。十四代祖媚川，避合浦之乱，徙家闽越……媚川生二子，长曰添丁，次曰马颊。始来鄞江，今为明州奉化人，瑶柱世孙也。性温平，外悫而内淳。稍长，去襮颣，颀长而白皙，圆直如柱，无丝发附丽态……"粗阅此文，会以为"江瑶柱"是奉化一位江姓古人。其实，苏轼老人家用的是史传笔法，拟人于物、以物言志。江瑶柱不仅口味鲜美，而且营养丰富，干贝有滋阴、生津、调降血压、改善肠胃消化不良等功效，加上干贝食味鲜甜，软滑而且容易消化，作主菜可以，作配料也可以。如煲粥、熬汤时加入少许，则味道分外鲜美，有点石成金之妙。

制作方法

主料 江瑶柱100克、冬瓜500克

配料 火腿肉末

调料 姜、葱、盐、白糖、高汤

冬瓜脯放入汤钵内，加入上汤、盐、味精、白糖蒸透，取出放盘内，原汤放入锅中，加瑶柱勾芡，淋于瓜脯表面。

菜品特点：

清淡味美，色泽淡雅，清热生津，滋补养颜。

江鲜单

郭璞《江赋》鱼族甚繁。今择其常有者治之。作《江鲜单》。

陶大太煎刀鱼

原文 或用快刀，将鱼背斜切之，使碎骨尽断，再下锅煎黄，加作料，临食时竟不知有骨：芜湖陶大太法也。

刀鱼是“春馔妙物”，古语云：“刀鱼不过清明，过则骨硬，是谓四时之序也。”吃刀鱼最好的时节是清明以前，刀鱼虽然多刺，但是在清明节前刀鱼鱼刺绵软，几乎可以同鱼肉一起下肚。如果一过清明，鱼刺就会变硬，肉质也会变粗。

清明前是刀鱼最肥、最鲜、最嫩的时节，由于刀鱼味美，且有过时不候的特性，通常人们都会抢在清明以前大快朵颐一番。

现如今刀鱼皆在清明前上市，品质好的刀鱼可以卖到三四千元一斤！刀鱼非常讲究吃鲜，是绝对不能放入冰箱的！南方人通常将刀鱼放在垫着干松青菜的盘子里保鲜，这样可以使鱼身阴凉透气，不易变质。

判别一条刀鱼的新鲜程度，那就看它能不能立起来。刀鱼出水后鱼身开始变硬，半小时左右达到最硬，就像一根小木棒似的。也就是在这个时间下锅，其味道才能最鲜、口感才能最佳！一旦错过了这个最佳时段，刀鱼肉质将会变软，口感和味道亦会相应坠落。

新鲜的刀鱼洗净以后，可直接加火腿片、春笋片、冬菇、虾子、姜、葱、料酒和盐，最后淋上少许油上锅，用旺火清蒸几分钟即可出锅。而芜湖陶大太的做法，是用快刀将鱼背斜切至鱼骨皆断，然后再下锅煎黄，用鸡汤、火腿、鲜笋外加调料一同小火煨烧，其味道自然鲜妙绝伦。

制作方法

主料 刀鱼 2 条

配料 猪板油丁 25 克

调料 绍酒、香醋、油、盐、胡椒、葱、姜、葱头、白糖、酱油

1. 刀鱼收拾干净，用刀将鱼背斜着切断，使鱼骨全部碎断。
2. 平锅上火油加热，将刀鱼两面煎黄，倒入漏勺。
3. 平锅中放猪板油丁爆炒，加葱段、姜片、葱头煸香，烹入料酒、酱油、白糖、香醋、盐、胡椒，下刀鱼大火烧开，小火烧透即可。

菜品特点：

颜色金黄，外酥里嫩，口味鲜香，制作简单。

酒酿蒸刀鱼

原文 刀鱼二法：刀鱼用蜜酒酿、清酱，放盘中，如鲥鱼法，蒸之最佳。不必加水。如嫌刺多，则将极快刀刮取鱼片，用钳抽去其刺。用火腿汤、鸡汤、笋汤煨之，鲜妙绝伦。金陵人畏其多刺，竟油炙极枯，然后煎之。谚曰：『驼背夹直，其人不活。』此之谓也。

刀鱼学名长颌鲚，又称刀鲚、毛鲚，与河豚、鲥鱼并称为中国长江三鲜。其鱼身狭长，两侧窄薄极似尖刀，故名“刀鱼”。农谚有云：“春潮迷雾出刀鱼。”

刀鱼属洄游鱼类，阳春三月刀鱼成群溯江而上形成鱼汛，前期雄性刀鱼非常多，体大、脂肪多，后期则雌性刀鱼居多，体小、脂肪少。刀鱼进入长江过了崇明岛，越往上游的刀鱼越好吃。如果能游到扬州，其味道就更不用说了。

过去扬州人家里吃刀鱼，一般主要是刀鱼圆汤、刀鱼羹卤汁面及双皮刀鱼三种制作方法，但其制作程序极为复杂。

刀鱼肉质细嫩，可清蒸、红烧、糖醋、椒盐，外加刀鱼圆子、刀鱼馄饨等制作方法。袁枚在《随园食单·江鲜单》中记载：“刀鱼二法，以蜜酒酿蒸者为佳。”也就是说将刀鱼收拾干净以后，用蜜酒酿、清酱放置盘中。这蜜酒酿就是米酒，又叫醪糟、酒酿、甜酒、酸酒。古时称作“醴”。其口味香甜醇美，在随园菜肴的制作上，常被作为重要的调味辅料。清酱就是酱油！也就是把米酒和酱油调好口味，不必加水，放在刀鱼上，像蒸鲥鱼一样蒸熟就行。南京人嫌刀鱼刺多，于是就用油炸至干酥，然后再煎后食之。这就应了那句老话：“罗锅儿为治驼背而用床板夹直！”这后背倒是直了，可人还能活得了吗？所以说，此种做法实实儿地是在糟蹋东西，想来尤为可惜。

制作方法

主料 鲜刀鱼 2 尾

配料 酒酿 100 克

调料 清酱、糖、姜汁、葱

1. 鲜刀鱼刮鳞，从鱼鳃处抽去鳃、内脏，然后洗净沥干水分，放置盘中，鱼身上放姜、葱，加清酱、蜜酒酿等调料待用。
2. 将刀鱼放入笼中，以旺火沸水蒸之约十分钟，久蒸易老，亦不可用弱火蒸之。鱼蒸好后取出，除去葱姜，将汤汁滗入锅中加胡椒粉调味，再浇在刀鱼身上。上桌时带一碟姜醋汁蘸食，味道极妙。

菜品特点：

用酒酿解腥去腻原汁原味，鱼鲜肉嫩无与伦比。

酒酿煎鲥鱼

原文 鲥鱼用蜜酒蒸食，如治刀鱼之法便佳。或竟用油煎，加清酱、酒酿亦佳。万不可切成碎块，加鸡汤煮；或去其背，专取肚皮，则真味全失矣。

鲥鱼乃是江鲜，属洄游鱼种。生长于大海，春末夏初入长江产卵，其以镇江产为最佳。据《镇江史志》记载："鲥鱼本海，春季出扬子江中游至汉阳，产卵成长后，而复还于海。"

鲥鱼为江南水中珍品，历史上一直是作为向朝廷纳贡之物。其为我国珍稀名贵鱼种，素来与河豚、刀鱼合称"长江三鲜"。

近年由于生态遭到破坏，鲥鱼数量骤减。继扬子鳄、中华鲟、白鱀豚、胭脂鱼之后，被列入《中国濒危动物红皮书》成为濒危物种。特别是自20世纪80年代以来，野生鲥鱼基本已经绝迹。

鲥鱼最为娇贵，当地素有"鲥来春去"之说，因其季节极强且出水即死。鲥鱼鳞下有大量脂肪，故鲥鱼需带鳞而烹，有民谚曰："黄鱼不破肚，鲥鱼不打鳞。"古法清蒸最能食其真味。但掌握火候至关重要。过火则鱼肉呆白变老失其鲜味，火弱则鳞板不翘鲜味不出。所以作为厨师一定要小心伺候，使鱼肉色白透亮、凝而不散，从而形成恰到好处的一品美味。

袁枚收录鲥鱼二法，以蜜酒蒸食味极其鲜美。可以从中尝到食材原料的本真至味。此法同样也适应其他鱼类，"酒酿煎"是随园菜中的一道独特烹制方法，用江鲜与酒酿巧妙配合，鲥鱼与酒酿的甜香味道相合，极具独特的风味。

制作方法

主料 鲜鲥鱼一条750克

配料 酒酿100克

调料 酱油、蜜酒、糖、葱、姜汁、素油

1. 鲜鲥鱼去鳃去内脏，但不可去鳞。洗净后片成2片，鲥鱼置盘中略加些清酱腌之待用。
2. 炒锅上火加油，烧至四成热时，将鲥鱼先煎带鳞的一面，再煎另一面，煎好后加清酱、蜜酒、糖、姜汁等，以旺火煎熟、小火煨透后起锅装盘。

菜品特点：

酒香四溢，色泽洁白，鲜嫩味美。

唐氏炒鲟鱼片

原文 尹文端公，自夸治鲟鳇最佳。然煨之太熟，颇嫌重浊。惟在苏州唐氏，吃炒鳇鱼片甚佳。其法切片油炮，加酒、秋油滚三十次，下水再滚起锅，加作料，重用瓜、姜、葱花。又一法，将鱼白水煮十滚，去大骨，肉切小方块，取明骨切小方块，鸡汤去沫，先煨明骨八分熟，下酒、秋油，再下鱼肉，煨二分烂起锅，加葱、椒，韭，重用姜汁一大杯。

“鲟鳇鱼”有两种说法，一种是称南长江产的为“鲟”，北边黑龙江产的为“鳇”；还有一种说法是清末光绪年间，抚远大将军那斌上京进贡鲟鱼，慈禧太后见此鱼硕大，且食之觉得味美异常，于是问曰：“此为何鱼？”那斌答：“无名，请太后御赐。”慈禧太后言道：“此鱼如此健硕，真乃鱼中之皇，就叫‘皇鱼’吧！”

其实，经笔者多方查阅资料，并一再向有关生物专家请教，且多次实地考证，最后得出结论：所谓鲟鳇鱼即是鲟鱼中的一种。无论是鲟鱼、鳇鱼，也无论是鲟鳇鱼，皆是鲟鱼。现仅存于我国东北的黑龙江江中，中华鲟就是此种鱼类的代表。

鲟鱼又称鲟龙，有水中“活化石”之称。鲟鱼属大型洄游性鱼类，其又分为“海河洄游”和“江河洄游”两种，其中半数为溯河洄游产卵鱼类。由于人类滥捕及大肆破坏环境，目前中华鲟已步入“极危”级物种行列，被列为国家一类保护动物。

现在市场上所见的鲟鱼，皆为人工养殖的史氏鲟，能捕捞的仅是同为黑龙江出产的施氏鲟和达氏鳇。

鲟龙鱼全身是宝，历来被达官显贵、富商巨贾视为珍品。鲟鱼除其肉质鲜嫩味美以外，其多种脏器都具有一定的药效或美容保健功能。尤其是鲟鱼骨和鱼骨髓（俗称龙筋）更为珍贵。素有鲨鱼翅、鲟鱼骨，食之延年益寿、滋阴壮阳之说。

制作方法

主　料 鲟鱼一条

配　料 酱瓜

调　料 油、料酒、葱、姜、盐、鸡汤

1. 将鲟鱼收拾干净，取肉切 1 厘米厚片，用盐、葱片、姜片、料酒腌渍片刻，姜切指甲片，葱切象眼片，酱瓜切小片。
2. 炒锅上火加油烧四成热，下入鱼片，炸至金黄捞出。
3. 锅中留底油，下葱、姜、酱瓜炒香，烹入料酒、酱油大火烧开后，改小火滚，使葱、姜、酱瓜充分出味，再加水烧沸时，放入鱼片烧制片刻，调好味用旺火把汁收浓，汁全裹在鱼片上即可装盘。

菜品特点：

此菜虽名为炒，但实际为烧！葱姜味突出，配以酱瓜风味尤佳。

尹文端公姜汁煨鲟鱼

原文 尹文端公，自夸治鲟鳇最佳。将鱼白水煮十滚，去大骨，肉切小方块，取明骨切小方块；鸡汤去沫，先煨明骨八分熟，下酒、秋油，再下鱼肉，煨二分烂起锅，加葱、椒，韭，重用姜汁一大杯。

鲟鱼是世界上唯一生活在水中的活化石，是所有鱼类中营养价值最高的一种鱼类。鲟鱼自古就是珍稀美味，其名享誉大江南北。早年间更是进贡之极品。这也就是说，除了当地以外，只有皇宫大内才能吃到。民间还流传有乾隆皇帝品尝鲟鱼，并为之赋诗赐名的典故。鲟鱼也是当今国际上享有盛誉的珍品，鲟鱼籽酱更是素有“绿宝石”之称，而供不应求。

鲟鱼全身都是宝，其肉鲜嫩味美，其软骨和骨髓（俗称“龙筋”）极其珍贵，民间素有“鲨鱼翅、鲟鱼骨”之说。鲟鱼的许多脏器，还有一定的药用价值。李时珍在《本草纲目・鳇鱼》中，引述陈藏器语云：“其肝主治恶疮疥癣，勿以盐炙食。”又在“鲟鱼”条下引述云：“其肉补虚益气，强身健体，煮汁饮，治血淋；其鼻肉作脯补虑下气；其籽如小豆，食之健美，杀腹内小虫。”除此以外，鲟鱼籽还有美容的功效，长期食用可消斑去皱、平衡油脂，使面色红润。

制作鲟鱼时，先将宰杀后的鲟鱼在水中冲洗干净，然后用大概 80 度左右的开水烫一下鲟鱼皮，撒一些盐和白醋，把鲟鱼最外层的黑皮跟黏液擦掉，至鱼身呈灰白色且有花纹时为止。然后再用开水烫一下整鱼，把鲟鱼身上的硬鳞片用刀刮掉，接下来根据各自的口味，烹饪制作。鲟鱼肉质口感鲜、嫩、脆、滑、爽，优于龙虾；其软骨、皮、鳍、肝、肠等至少可烹制成 30 余道美味菜肴。

制作方法

主 料 鲟鱼 1000 克

配 料 姜汁一大杯

调 料 绍酒、秋油、葱、胡椒粉、韭菜、盐、鸡汤

❶ 将鱼收拾干净去鳞、鳍，头、尾另作他用。将葱洗净剖开，切成段。姜洗净，一部分切成片，另一部分捣碎。将韭菜洗净，切成末。

❷ 锅上火将鱼身用白水煮开十次，去掉大骨，把肉切成小方块，然后取出鱼的脆骨也切成小方块。

❸ 把煮鱼汤去掉沫，先煨脆骨到八分熟，加酒、酱油，再下鱼肉，煨二分烂起锅，加葱、椒、韭，再倒入姜汁一大杯，出锅时撒入韭菜末即可。

菜品特点：

鱼白菜绿，质地鲜嫩，姜味浓郁，清香味美。

黄鱼羹

原文 又一法，将黄鱼拆碎，入鸡汤作羹，微用甜酱水、纤粉收起之，亦佳。大抵黄鱼亦系浓厚之物，不可以清治之也。

大黄鱼又称大鲜、大黄花，小黄鱼又称小鲜、小黄花。黄鱼食性较杂，主要以鱼虾为食，以我国舟山渔场产的大黄鱼最出名。小黄鱼外形与大黄鱼相似，但又不属于同一种。因黄鱼脑内有石两块故又称石首鱼。据说，这“石头”可以检验食品中是否有毒，只要将它放入食物中，有毒的话它会立即爆裂。还有一民间偏方，将此“石头”烧成灰，再吹到鼻中，就可以立即止血，不过不知是否灵验。其实，这“石头”就是黄鱼的耳朵，黄鱼凭它听到和识别从海洋远处传来的声音，并由此辨别游行的方向。

制作鱼羹以舟山产的大黄鱼为最佳。但现在市场有不法商人，以一种黄姑鱼染色冒充黄鱼出售，实在是不该。黄花鱼味道鲜美、肉质嫩滑，且鱼肉呈蒜瓣状。而黄姑鱼则肉质较松粗，鲜美嫩滑程度远不及黄花鱼。

如何鉴别真黄假花鱼呢？一是看鱼的外观，正宗的黄花鱼呈长椭圆形；二是看颜色，黄花鱼的黄颜色较淡、柔和而自然；三是用手搓，假黄花鱼用白卫生纸一擦其鱼身便知；四是看价格，千万别贪便宜；五看有没有石头，真黄花鱼头部是有两块小石头的，假黄花鱼则没有。

除此以外，还有一些不法商贩，用“三牙鱼”冒充黄花鱼的！这种鱼虽然肚腹处也是黄色，但体型非椭圆而是直长，最明显的特征是“迎面口内三牙，上一下二！”而不像黄花鱼那样，满口如锯齿状、细牙整齐排列。

制作方法

主 料 大黄鱼

配 料 冬笋、鸡蛋

调 料 姜汁、盐、料酒、生粉、香醋、鸡汤、甜酱、香油、葱丝、香菜

1. 将黄鱼加料蒸熟，拆成蒜瓣肉，去掉鱼刺，冬笋切丝。
2. 锅中放鸡汤加盐、绍酒、胡椒粉，姜汁煮开后下鱼肉，放少许甜酱找色，大火烧开打去浮沫，用生粉勾芡，打入鸡蛋，淋上香醋香油，撒上葱丝香菜。

菜品特点：

浓香适口，极鲜无比。

豆豉爆炒黄鱼块

原文 黄鱼切小块，酱酒郁一个时辰，沥干。火锅爆炒两面黄，加金华豆豉一茶杯，甜酒一碗，秋油一小杯，同滚。候卤干色红，加糖，加瓜、姜收起，有沉浸浓郁之妙。

黄鱼，又名黄花鱼。有大小黄鱼之分，属鱼纲、石首鱼科。因鱼头中有两颗坚硬的石头，叫鱼脑石，故名“石首鱼”。大黄鱼肉质鲜嫩，营养丰富，同时黄鱼的做法也是很多的。

“豆豉爆炒黄鱼块”的制作方法就非常的别具一格，这绝对是南方水乡制法，因为北方是舍不得将这么好的大黄鱼切块来吃的。黄鱼切丁后用酱酒郁一个时辰，郁就是腌味。不过腌黄鱼丁是不加粉子，腌二小时后一定沥干水分，否则会爆。控过的黄鱼入锅爆炒两面金黄，这里爆炒指热油煎炸之意，然后用金华豆豉一茶杯，甜酒一碗，秋油一小杯，一同烧滚。候卤汁变成红色，加糖、瓜姜，放入黄鱼丁收汁，让浓郁独特的豆豉味浸入到鱼内。此菜豉味浓郁、咸甜适口，有点像苏州熏鱼的做法。如果心疼大黄鱼太浪费，也可以将小黄鱼去骨，用此方法做来尝尝，味道同样不俗。

加工黄鱼时，一定要注意下述两点：第一黄鱼不剖肚，第二勿忘撕头皮。黄鱼不宜开膛去内脏。黄鱼的腹腔很大，腹肉很薄。内脏很少，肉质呈蒜瓣状。一旦开膛去内脏，鱼腹很容易翻卷破碎，从而影响烹调效果。为了保持鱼体的完美，加工黄鱼时要用竹筷从嘴中把内脏取出。

黄鱼头部有块铁皮，腥味很大，如果不撕下来，把鱼放到油锅中去炸，鱼头中的黏液就会溢出，头皮崩裂后，不仅油弄腥了，而且流出的黏液遇到热油还会往外四溅，很容易烫人。加工时，撕掉头皮，把黏液洗净，用布擦干，不仅不会出现以上情况，还能保持鱼头的完整。

制作方法

主料 鲜黄鱼一尾 800 克

配料 豆豉 35 克，酱瓜、酱姜

调料 酱油、绍酒、糖、甜酒、姜汁、小葱段、素油

1. 将黄鱼去鳞、去鳃、去内脏、去头洗净，切成小块，置容器中加酱油，绍酒腌约二小时，然后捞起晾干待用。
2. 炒锅上火烧热放油，待油五成热时，将鱼块入锅两面煎黄，沥去余油。
3. 锅留底油煸香金华豆豉，酱瓜、酱姜，放入鱼块，烹入酱油、酒，以及用水调成的汁，待卤汁略黏，呈红色时，加入糖收汁。等汤汁浓郁以后，加葱段、淋香油，起锅装盘即可。

菜品特点：

干香味美，鲜甜适口，豉味浓郁。

鸡汤煨斑鱼

原文 斑鱼：斑鱼最嫩，剥皮去秽，分肝、肉二种，以鸡汤煨之，下酒三分、水二分、秋油一分；起锅时，加姜汁一大碗、葱数茎，杀去腥气。

斑鱼即河豚，此鱼最鲜嫩肥美。然而洗刷时须多加注意，剥去外皮除去腹内污秽之物，认真仔细洗净。若要鱼好吃必须要洗得白筋出现。由于河豚有毒，所以历来素有“拼死吃河豚”之说。

苏东坡有诗云：“竹外桃花三两枝，春江水暖鸭先知；蒌蒿满地芦芽短，正是河豚欲上时。”也就是告诉人们，河豚二三月上市，好食者千万不要错过！河豚肉鲜美至极，无刀鱼、鲥鱼之芒刺，被誉为三鲜之冠。

吃河豚讲究“一白、二皮、三汤、四肉”。白的味道最鲜美，河豚皮则要把芒刺翻转过来，此物极其补胃。吃鱼皮时必须反过来小块吞咽，因为河豚皮表面有刺，像细沙纸般粗糙，不能咀嚼，否则利刺会戳破嘴皮。河豚汤比河豚肉更加鲜美，一般人会拿来泡饭，吃干抹净；相比较前三者，河豚肉的口感反而是最差的。

早年间吃河豚有三个规矩，第一请客不可说请，只能说订了桌河豚，来不来是你的事；第二客人来后须在桌上放一枚硬币，表明出席是本人意思，就是亲爸爸也得如此；第三上来后厨师须先吃一口，十分钟后主人吃第二口，过后才轮上客人大快朵颐。过去之所以如此做法，皆因河豚有毒！且潜伏期在十分钟至三小时之间。先是手指发麻、舌有刺痛、眼睛发花，然后恶心呕吐，紧接着手脚麻痹，最后甚至昏迷呼吸衰竭而亡。

这才是明知有毒，却忍不住要吃！然后边吃边怕死、边怕死边吃，真正是何苦来也？

制作方法

主　料 鲜斑鱼 75 克

配　料 香蕈 10 克

调　料 盐、绍酒、酱油、姜汁、葱白、鸡汤、胡椒粉、大油

1. 将活斑鱼收拾干净，剔下鱼皮、鱼肉、鱼肝分别盛放，用清水泡透、血液洗净，然后捞起沥干水分，再将鱼肝切碎，放入容器内待用。
2. 临上火时，先把鱼肉及鱼肝用盐、绍酒、葱略微腌郁片刻。
3. 炒锅上火，放大油烧至四成热，先煸鱼肝至金黄，加入绍酒、鸡汤和酱油，注意放的比例是酒三分、鸡汤二分、秋油一分。烧沸后，将郁过的鱼下入锅中，加盐调味再放姜汁一碗，用大火烧开撇去浮沫，再下入鱼皮，改小火煨煮成熟。起锅时加香葱段和胡椒粉，然后将鱼盛入碗中，盖上鱼皮，浇上汤汁即可上桌。

菜品特点：

汤浓肉嫩，鲜不可言。

假蟹

原文 假蟹：煮黄鱼二条，取肉去骨，加生盐蛋四个，调碎，不拌入鱼肉；起油锅炮，下鸡汤滚，将盐蛋搅匀，加香蕈、葱、姜汁、酒，吃时酌用醋。

相声讲究“说、学、逗、唱”四门功夫，厨师同样也有“刀功、调味、制汤、火功”四门绝技。好的演员学谁像谁，以假乱真；好的厨师在制作菜品时，更能做到以假乱真。

中餐里有一种“仿真菜”，这种菜式多见于素菜，“以荤托素”，手法新奇独特，且味道鲜美。“仿真菜”顾名思义，就是使用其他原料，制作出来能够以假乱真的相似菜品。这种以假乱真的“仿真菜”，花样繁多，琳琅满目。比如，“洛阳燕菜”名为燕菜实为萝卜。“烩假鱼肚”则用猪的肉皮，晒干后作为原料制成。“素炒鸭子”、“素鹅”、“素鳗”等等，数不胜数。在《随园食单》中就收录了“假牛乳”“假蟹”“素烧鹅”“杨明府冬瓜燕窝”“吴道士萝卜鱼翅”等，用都是以假乱真的方法，使菜肴妙趣横生。

《随园食单》中记载的“假蟹”，是以黄花鱼为主料，煮熟拆肉，配以腌鸡蛋，再加入各种调料，炒制而成的菜肴。此菜的点睛之笔，是用腌的咸蛋，咸鸭蛋、咸鸡蛋均可。由于蛋经过腌制，蛋黄会产生质的变化，色发红而不散，其形更似蟹黄。黄花鱼肉雪白，极似蟹肉。此菜虽言“假蟹”，但其形态、味道、色泽均可乱真。烹制是以水炒之法，其口感软嫩滑爽、味似蟹肉、营养丰富，故有“赛螃蟹”之说。

制作方法

主料 黄鱼2条

配料 生咸蛋4个，鸡蛋2个

调料 冬菇、葱、姜汁、酒、醋

1. 黄鱼洗净煮熟，去骨取肉，香菇切成细丝，待用。
2. 生咸蛋四个打入碗中，捞出蛋黄单放，分别搅匀。
3. 炒锅上火烧热，放油用姜炝锅，下鸡汤、绍酒，将鱼肉入锅，将鸡蛋白、鸡蛋黄分开徐徐倒入锅中，慢慢推炒，待全部成形后，淋入香油即可起锅装碗，上桌时带姜醋汁蘸食。

菜品特点：

色泽鲜艳，金银相衬，味似螃蟹，以假乱真。

特牲单

猪用最多，可称『广大教主』。宜古人有特豚馈食之礼。作《特牲单》。

甜酒蒸猪头

原文 猪头二法：洗净五斤重者，用甜酒三斤；七八斤者，用甜酒五斤。先将猪头下锅同酒煮，下葱三十根、八角三钱，煮二百余滚，下秋油一大杯、糖一两，候熟后尝咸淡，再将秋油加减；添开水要漫过猪头一寸，上压重物，大火烧一炷香；退出大火，用文火细煨，收干以腻为度，烂后即开锅盖，迟则走油。一法木桶一个，中用钢帘隔开，将猪头洗净，加作料闷入桶中，用文火隔汤蒸之，猪头熟烂，而其腻垢悉从桶外流出，亦妙。

在我国古代，猪头是祭奠苍天和祖先的贡品，平常是不能随便吃的。只有每年农历“二月二”可以例外。这一天是春节中的最后一个节日，名叫“龙抬头”。用猪头祭祀龙王，“二月二”吃猪头肉也就成了吉祥的象征。

话说乾隆年间，扬州法海寺有个德明和尚，原本是一小沙弥，后为火头僧。由于寺中有一些个别施主耐不住清淡，总惦记着淘些荤腥解馋。这天有位施主不知怎么淘换到一个猪头，非要德明和尚帮忙制作。寺中乃清静之地，不能使用现有锅灶。无奈德明和尚只好找了个新夜壶洗干净，然后将猪头切碎，放入甜酒和秋油。因怕被人知道，就将夜壶口用纸厚厚封住，不使一丝味跑出来。找一个香炉，以香火余热煨焖细熇五六个时辰。第二天一早，偷偷将夜壶提到禅房的僻静处，供施主老爷食用。那鲜美至极的味道就可想而知了，真可谓是肉酥烂而形不碎，既香糯而又不粘口，且肥而不腻、瘦而不柴、入口即化。施主吃得高兴，于是将大把银子投入功德箱，一来二去竟远近闻名。市井还有好事之人作诗云：“扬州好，法海寺闲游，湖上虚堂开对岸，水边团塔映中流，留客烂猪头。”

袁枚曾去过扬州，并特地去过法海寺拜望。此时德明和尚已经很老了，也不烧猪头肉了。但烧猪头却流传在民间市井，成为扬州三头之一的“烧扒整猪头”。

制作方法

主料 猪头一个

调料 甜酒、大葱、大料、酱油、盐、糖

1. 将猪头烧毛刮净，掏出耳朵、鼻孔里面的污秽之物，劈开打理干净。
2. 取一个木桶，里面用箅子隔开，将猪头放入木桶内，加好作料。
3. 将木桶放置蒸锅中，用文火下面隔汤长时间蒸制，待猪头熟烂时，猪头中的油都从木缝中流出即可。

菜品特点：

色泽红亮、肥嫩香甜，香味扑鼻，入口酥烂，甜中带咸，卤汁醇厚，滋味不凡。

白肚酱肚

原文 猪肚二法：将肚洗净，取极厚处，去上下皮，单用中心，切骰子块，滚油炮炒，加作料起锅，以极脆为佳。此北人法也。南人白水加酒，煨两枝香，以极烂为度，蘸清盐食之，亦可；或加鸡汤作料，煨烂熏切，亦佳。

猪肚，味甘、微温。《本草经疏》说："猪肚，为补脾之要品。脾胃得补，则中气益，利自止矣……补益脾胃，则精血自生，虚劳自愈。"因此，在补中益气的食疗方子中，有很多都用到猪肚。再配上其他的食疗药物，装入猪肚扎紧，煮熟或蒸熟食用。如肚包鸡，就是将鸡放猪肚内多加胡椒，汤里浓中带清，有浓郁的药材味和胡椒香气。此菜还有个好听的名字叫"凤凰投胎"。

猪肚非常好吃，关键是如何清洗干净。先将买回的猪肚在水龙头下用流水两面冲洗干净，并剪掉多余的油，将猪肚的内部朝外。然后把猪肚放在盆中，加一大勺盐、一大勺醋，均匀地抓遍猪肚，再加入适量的面粉将猪肚抓均匀，然后用双手反复揉搓猪肚，最后用清水冲洗干净，此时猪肚白白净净又无臭味。

猪肚在北方通常的吃法是，洗涤后煮熟凉拌，或改刀制菜做爆三样、芫爆肚丝、大蒜烧肚条等。也有用生肚的，取极厚处去上下皮，单用中心部分的肚仁。两面剞花刀切骰子块，用滚油爆炒，起锅以极脆为佳，这就是北方名菜"油炮肚仁"。

南方人多用白水加酒，以煨的方式烹制猪肚，然后切片蘸盐吃，这种吃法在浙江一带非常流行。当然用鸡汤加佐料，像"鸡汤银杏肚条"一样煨烂，或用酱汤煮熟以后做成薰肚，也特别好吃。

制作方法

主料 猪肚2斤

调料 葱、姜、桂皮、茴香、黄酒、精盐、醋

① 收拾干净的猪肚擦上盐、醋，边擦边揉。洗净后，再用80℃~90℃温开水烫，烫至猪肚转硬，内部一层白色的黏膜，能用刀刮去时为止。捞出倒入冷水内，用刀边刮边洗，直至无臭味、不滑手时，再从底部分切成两大片，去掉油筋滤干水分。

② 锅中放入清水半锅，加入盐和茴香、桂皮（用纱布袋装），先用旺火烧沸，再加入葱、姜和猪肚、黄酒，敞锅烧煮不加锅盖，让异味随热气散发，煮熟后出锅，将肚子摊在竹盘上晾凉，上桌时切条蘸清盐吃。

菜品特点：

猪肚洁净，无异味，嫩滑爽口。

汤少宰芙蓉肺

原文 猪肺二法：洗肺最难，以冽尽肺管血水，剔去包衣为第一着。敲之仆之，挂之倒之，抽管割膜，工夫最细。用酒水滚一日一夜。肺缩小如一片白芙蓉，浮于汤面，再加上作料。上口如泥。汤西厓少宰宴客，每碗四片，已用四肺矣。近人无此工夫，只得将肺拆碎，入鸡汤煨烂亦佳。得野鸡汤更妙，以清配清故也。用好火腿煨亦可。

猪的内脏，心、肝、肺、肚子、肠子之类的东西，我们通常统称为“下水”。下水，源于过去屠夫在杀猪宰羊时，案板下面都放有一个木桶或大木盆。宰杀开膛以后，把头、蹄、肠子、肚子、心、肝、肺等内脏往下一丢，桶里或盆里汤汤水水、黏糊糊，且气味异常难闻，所以就管扔到下面木桶或木盆里的内脏叫做“下水”。虽然都是下水，但猪、牛、羊叫法不一样，猪下水叫“吊子”，牛、羊下水叫“杂碎”，这是不能混淆的。

猪下水为什么叫“吊子”？因为过去猪下水都是按套卖，心、肺、肠连在一起，用马莲一栓吊起来卖，所以叫“吊子”。但是“吊子”里不包括猪肝，自古猪肝就是单卖的。“杂碎”从字面上看，就是多种多样混合搭杂在一起的零碎。您看羊杂碎是不是这样？当然也有单卖的，比如羊肚子。

猪肺软软塌塌的没咬头，民间通常形容怯懦无能的人，就叫他“窝囊肺”。猪肺虽名不雅，但不乏是道好菜。过去老北京有道名菜叫“芙蓉飘雪”，就是将猪肺在水龙头下灌水，待其膨胀以后放倒，控去水分，反复几次使其变白，然后往里灌满鸡蛋清，揪着肺管在开水里烫，使蛋清全部凝固后再上笼屉蒸熟。走菜时切片放入高汤之内，肺如白色雪片漂在汤面，入口肺片如豆腐般绵软。可惜此菜早已失传，目前已经无人会做了。

笔者曾去山东，尝到山东名菜“奶汤白肺”，虽无鸡蛋但也味美可口。猪肺适于炖、卤、拌等方法，但却一直无法登大雅之堂。更何况现在的人，已经不愿意再下苦功夫去制作猪肺了。

制作方法

主料 猪肺一只

配料 火腿、蘑菇

调料 盐、绍酒、葱、姜、鸡汤

1. 将猪肺反复灌洗，敲、扑、挂、打、倒，使之松大，去净血水，剔去包衣，抽去肺管，割膜刮净。
2. 洗净猪肺置水锅中，加绍酒、水、葱、姜煮熟，切片备用。
3. 锅中放鸡汤和肺片加入火腿片、菇片，放料酒、精盐、姜汁，烧开撇去浮沫，煨熟调好味，放胡椒粉即可出锅。

菜品特点：

色白肺嫩，鲜美异常。

煨猪腰

原文 腰片炒枯则木，炒嫩则令人生疑；不如煨烂，蘸椒盐食之为佳。或加作料亦可。只宜手摘，不宜刀切。但须一日工夫，才得如泥耳。此物只宜独用，断不可掺入别菜中，最能夺味而惹腥。煨三刻则老，煨一日则嫩。

猪腰就是猪肾，古人认为以形补形，吃什么补什么、像什么补什么。吃猪肺可以"清补肺经"，吃猪肚可以"温中和胃"。胃痛可以猪肚煲白胡椒，心悸等症可用猪心炖柏子仁，肝郁肋痛可买猪肝蒸合欢花。古典中医论著《黄帝内经·五常政大论篇》也记载"虚则补之，药以祛之，食以随之"。于是乎肾虚者，什么狗肾、羊肾、鸡肾都可以，因为有益于元阳，统统奇货可居。

制作猪腰有两个难关，首先就是去臊味。猪腰子爆、炒、炝、溜、炖和水煮无一不可，但如果处理不当，味道就会很腥臊。我们选腰子时，首先要看其颜色，新鲜的腰子柔润光泽，呈浅红色并具有弹性，不新鲜的腰子颜色发青，被水泡过后变为白色，且质地松软、膨胀无弹性，同时还会散发出一股异味。除此以外，还要看它的表面有没有血点，若有，则不正常。

去腰臊把猪腰子从中间的位置切开，将中间的白色的筋去掉，这个白色的筋是臭腺，俗称腰臊。要想去腥必须先把它去掉！当然也有一种带筋吃的温拌腰片，那是腰子切片放煮好的花椒水里面浸泡，此片也能去臊。当然厨师业内还有一种专爱吃腰臊的，那是少数，另当别论。

制作腰子第二难是火候难掌握，火候小肉嫩了会出血汤子，火略大点又老了。正因如此，爆炒腰花是一道衡量厨师手艺的功夫菜。关于如何解决这个难题？袁枚在《随园食单》中就给出了这么一招。

制作方法

主料 猪腰5个

调料 椒盐

1. 猪腰子去净筋膜及腰臊，入锅中将其煨煮一天至酥烂。
2. 将煮熟的腰子用手撕成块装盘，配椒盐上桌。

菜品特点：

猪腰酥烂如泥，蘸椒盐食用风味独特。

白片肉

原文 须自养之猪，宰后入锅，煮到八分熟，泡在汤中，一个时辰取起。将猪身上行动之处，薄片上桌。不冷不热，以温为度。此是北人擅长之菜。南人效之，终不能佳。且零星市脯，亦难用也。寒士请客，宁用燕窝，不用白片肉，以非多不可故也。割法须用小快刀片之，以肥瘦相参，横斜碎杂为佳，与圣人『割不正不食』一语截然相反。其猪身，肉之名目甚多。满洲『跳神肉』最妙。

白肉片，又名“白煮肉”、“白肉”，它用传统的白煮法制成。吃时蘸上酱油、蒜泥等料，就着荷叶饼或芝麻烧饼，风味独特、乡土气息浓厚。

白肉片的制作和食用方法，来自于过去老满族人吃祭肉的习俗。据《梵天庐丛录》载：“清代新年朝贺，每赐廷臣吃肉，其肉不杂他味，煮极烂，切为大脔，臣下拜受，礼至重也，乃满洲皆尚此俗。”

满族人原擅狩猎，崇尚萨满神教。每年春节满族人都会聚在一起，为了感念祖先恩德，将猪宰杀以后，把洗净的猪肉和内脏放在锅里用清水白煮，其中不加任何调料，目的是为了追思祖先狩猎之不易。肉煮熟以后，大家围着祖宗杆子，开始隆重的祭祖活动。

首先要请萨满跳神，萨满神汉左手持驴皮鼓、右手持霸王鞭，连敲带打咏唱神调；萨满太太腰系响铃随之起舞。主祭人将煮熟的猪头、猪内脏抛到“祖宗杆子”上的吊斗里祭祀祖先，然后切肉，大家欢歌笑语地分而食之。

这个习俗一直到了清朝入关以后，即便是皇宫大内过年吃祭肉时，也是不能蘸任何调料的。由于白肉片实在油腻，且无任何咸淡味道，直到清末，才有人不顾祖宗的家法规矩，暗地里用清酱浸泡草纸，晾干以后偷偷藏在袖口里。在拿刀切肉时，暗暗用酱纸擦刀，借刀上的油脂融化纸上清酱，再用刀将融化了的清酱抹在肉片上，使之带有咸味。民国以后，才慢慢转化为吃白肉片时，一定要佐以酱油、蒜泥、韭菜花、酱豆腐、辣椒油等佐料。

制作方法

主料 猪肉 400 克

调料 盐、酱油、蒜泥、韭菜花、酱豆腐，炸辣椒油

1. 新宰猪肉取猪前腿、后腿，入锅中煮到八九成熟，泡在汤中 2 小时后捞出。
2. 取出切成薄片，白肉片切得越薄越好。
3. 韭菜花、酱豆腐、辣椒油、蒜泥，酱油制成调味碟佐食。

菜品特点：

肉片薄如纸，粉白相间，肥而不腻，瘦而不柴。

干锅蒸肉

原文 用小磁钵，将肉切方块，加甜酒、秋油，装大钵内封口，放锅内，下用文火干蒸之。以两枝香为度，不用水。秋油与酒之多寡，相肉而行，以盖满肉面为度。

这种干锅可不是现在市场常见的干锅肥肠、干锅菜花之类的那种干锅菜。干锅菜式最早出现在湘、鄂、赣一代，最初的目的是保温。成菜不勾芡、汁干现油，突出干香滋润、清脆嫩软的味道。

后来在此基础之上，被四川厨师不断加以改进提高，逐步形成了以川味特色为主的干锅系列。干锅菜的用料很广，鸡、鸭、鱼、兔、牛肉、猪排、鸡杂、肥肠、鱿鱼、虾、蟹、菌菇、干笋、土豆、黄瓜、木耳等荤素食材均可。

蒸，古称为“炊”。蒸法有：清蒸、粉蒸、扣蒸、包蒸、煎蒸、封蒸、旱蒸、糟蒸、花色蒸、果盅蒸等诸多形式。蒸是烹饪方法的一种，是把经过调味后的食品原料，放在器皿中再置入蒸笼，利用蒸汽使其成熟的过程。蒸最早的起源，可以追溯到几千年前的炎黄时期。我们的祖先发明有一种甑，上鬲下釜中间有孔，利用水蒸气通过，将食物蒸熟。我国是世界上最早使用蒸汽烹饪的国家。

干锅蒸肉这道菜，按照袁枚的做法，将精五花肉切成方块，加甜酒、秋油，装进大钵封口放入锅内，下用文火干蒸。前面都好理解，这里的“干蒸”又是什么方法呢？

这种干锅蒸肉的方法，其实是用盐蒸。将干锅内放盐及钵，钵内放入调好味的猪肉，再盖上笼屉帽使其不跑气。用小火加热长时间干蒸，使原料达到蒸菜的鲜、香、嫩、滑的味道。实际此法一直在江南流传，现在的杭州名菜“神仙鸡”，用的就是此方法，只不过是把猪肉换成了猪蹄和童子鸡罢了。

制作方法

主料 猪肉 500 克

调料 甜酒、酱油、糖、姜、葱、香料

1. 将猪肉切方块，放入小瓷钵拌入甜酒、酱油，在装入大钵中，然后放入锅中，用文火隔水干蒸。
2. 放入小瓷钵时不须加水，酱油与甜酒以肉量而定。

菜品特点：

原汁原味、咸略带甜、红润软烂、酒香浓郁。

盖碗装肉

原文 将肉切方块，加甜酒、秋油，装盖碗内封口，放手炉上，法与前同。用文火干蒸之。以两枝香为度，不用水。秋油与酒之多寡，相肉而行，以盖满肉面为度。

盖碗装肉与磁坛装肉制法相同，都是精五花猪肉切方块，放入容器加甜酒、秋油烹制。秋油是什么？秋油者，酱油是也。但不是所有的酱油都可以叫秋油，秋油是好酱油的称谓。按清代王士雄《随息居饮食谱》中的说法："篘（过滤）油则豆酱为宜，日晒三伏，晴则夜露，深秋第一篘者胜。名秋油也称母油，古人做酱油从农历六月开始伏天晒酱，到八月立秋日起，夜露天降，此时提取的第一批酱油，称为'秋油'，是调味上品。调和食物，荤素皆宜。"

袁枚在《随园食单》中，将"秋油"运用得出神入化，可蘸点、可腌之、可煎之；可蒸之、可煮之、可煨之，用其调和味道最佳。此二菜用酒不用水，加盖密封，确保原汁原味。二者不同之处，在于一个放在盖碗里，一个放在磁坛中。磁坛是用砻糠煨制，盖碗放手炉上煨，制法令人叫绝。

也许有人会问，把盖碗放手炉上，那么点火能熟吗？准确告诉您，能熟。《清稗类钞》记载："有庖人用砖成酒筒，高四五尺，上口仅能放一只碗。把熊掌加上各种调料封固置口上，其下燃蜡烛一枝，以微火熏一昼夜，汤汁不耗而掌已化矣。"这样以烛火熏成之掌，据说饱食之后能口作三日香。古时用蜡烛尚可煨熟熊掌，手炉的炭火可比蜡烛火大多了，这也正应了那句老话——"紧火粥、慢火肉"。

制作方法

主料 五花猪肉

调料 甜酒、酱油

1. 将猪肉切方块，放入小盖碗中。
2. 盖碗放在手炉上，酱油与甜酒放入多少以肉量而定。

菜品特点：

原汁原味、红润软烂、香气浓郁、酒味香醇。

磁坛装肉

原文　放砻糠中慢煨。法与前同。总须封口。

《随园食单》所载盖碗装肉、磁坛装肉二菜，与干锅蒸肉可谓有着异曲同工之妙。以薄皮精五花肉切方块，放入容器后加甜酒、秋油，此菜用酒不用水，加盖密封原汁原味。其中也可少放些天目笋干，用以吸收油腻、增加肉香。成品红润软烂、酒香浓郁，此为“酒煨肉”。而盖碗装肉和磁坛装肉两道菜均不用此法。

盖碗装肉制法与干锅蒸肉大致相同，取五花肉切方块，葱、姜、甜酒、酱油备好，将肉放入盖碗之中，然后放手炉上煨熟。何为手炉呢？就是古代的暖手宝！

手炉形制如饭碗大小，以铜制居多，可随手提动。古人衣着宽袍大袖，手炉可置于袖中或怀中带着，所以又有“袖炉”、“捧炉”的雅称。那么，手炉能将盖碗内的肉煨熟吗？据《清稗类钞》记载：“有庖人用砖成酒筒，高四五尺，上口仅能放一只碗。把熊掌加上各种调料封固置口上，其下燃蜡烛一枝，以微火熏一昼夜，汤汁不耗而掌已化矣。”这样以烛火熏成之掌，据说饱食之后能“口作三日香也”。由此可见，古时用蜡烛尚可煨熟熊掌，岂有手炉炭火不能煨熟肉块之理呢？俗话所说“紧火粥、慢火肉”，就是这个道理。

再有，磁坛装肉是把肉放入磁坛之中加好佐料，然后放点燃的砻糠中慢煨。砻糠，就是从稻、麦身上脱下来的皮壳，砻糠点燃后不见明火，但可持续很长时间。南方还有用砻糠烧饭、煨芋头的习俗。

制作方法

主　料　五花猪肉 500 克

调　料　甜酒、酱油

1. 将猪肉切方块，放入小瓷钵内拌入甜酒、酱油，再装入大钵中，然后放入锅中，用文火隔水干蒸。
2. 肉块放入小瓷钵时不须加水，酱油与甜酒入放多少以肉量而定。

菜品特点：

原汁原味、红润软烂，香气浓郁，酒味香醇。

晒干肉

原文 切薄片精肉，晒烈日中，以干为度。用陈大头菜，夹片干炒。

干肉古已有之，当时叫“脩”。《说文》载：“脩，脯也。”“束脩”就是十条干肉，是古人初次拜见他人时常用的礼物。学生登门拜师，当时的见面礼就是“束脩”。孔子要求他的学生，初次见面时要拿十余干肉作为学费。后来，就把学生送给老师的学费叫做“束脩”。孔子云：“自行束脩以上，吾未尝无诲焉。”孔子所说的这段话，表明了他诲人不倦的精神，也反映了他“有教无类”的教育思想。只要交十条干肉，就能成为孔子的学生，无论身份、地位、地域、种族，一律同等看待。

《礼记·内则》有云：“为熬：捶之，去其皽，编萑布牛肉焉，屑桂与姜以洒诸上而盐之，乾而食之。施羊亦如之，施麋、施鹿、施麇皆如牛羊。欲濡肉则释而煎之以醢，欲乾肉则捶而食之。”这是肉干最早的记载，而周代八珍中的“熬珍”就是“暴腌肉脯”。取牛、羊、四不像、梅花鹿或獐子肉，反复捶击去其筋膜，摊在苇席上，撒遍姜、桂屑和盐，然后烘干备用。吃的时候，想吃软的，就把肉脯浸一下；要吃干的，就把肉取出来捶揉一下。

说起干肉，元朝初年忽必烈称雄马上之时，肉干是被作为军粮而常备的。一头牛被宰杀以后，上百公斤牛肉经过风干加工，变成几十斤的肉干，分发给士兵随身携带出征，这样就大大减轻了后方粮食的补给压力。也正是因为如此，才使蒙古铁骑横扫整个欧洲。

但肉干也不是蒙古独有，比如西藏的牦牛肉干等。其实制作干肉和肉干，全国各地都有，只不过就是制作方法不同而已。

制作方法

主 料 猪通脊肉

配 料 大头菜

1. 将猪通脊肉切成薄片、段，放烈日下晒干。
2. 陈年大头菜切片待用。
3. 锅中放油把肉干划一下，重新起锅。

菜品特点：

味道独特，耐咀嚼，原汁原味。

粉蒸肉

原文 用精肥参半之肉，炒米粉黄色，拌面酱蒸之，下用白菜作垫，熟时不但肉美，菜亦美。以不见水，故味独全。江西人菜也。

粉蒸肉，又名“米粉肉”。袁枚讲粉蒸肉是江西菜，这种说法不太确切，因为北方也有做米粉肉的习俗。

米粉肉是国人每逢过年，必吃的一道传统菜。尤其是北京人，制作时把大米加八角、桂皮等香料炒熟后研磨成粉，将五花肉切成厚片浸渍上用酱油、白糖、料酒、酱豆腐汁、盐、姜末等调成的浓汁，然后倒入米粉拌匀，再将粘满米粉的肉一片片叠在碗内，以白菜垫底上笼蒸至熟烂，吃时将肉扣在盘内即可。

其实米粉肉全国各地都有，不过是方法不同罢了。江西人是用肥瘦各半的猪肉，把米粉炒成黄色，拌以面酱上锅蒸，有时还在肉内又拌入适量鲜豌豆，使菜既有粉香，又有碗豆的清香，食之别有风味。

四川人做粉蒸肉，则要加豆瓣辣酱；杭州人制作粉蒸肉，则将炒熟的香米粉，和经调味的猪肉包上荷叶蒸制而成；特别是有“蒸菜之乡”美誉的沔阳，制作粉蒸肉则要加入红薯、南瓜、莲藕、芋头等配料。

粉蒸肉所用的米粉也是多种多样。一般人家多用糯米与籼米合成，糯米七成籼米三成，先把籼米炒熟，磨成米粉，再把糯米磨成生粉，两种米粉拌和均匀；当然也有玉米磨粉和小米的。

然后就是炒香料，各种香料都有着不可替代的作用。香料最好是和米一起炒，炒米时要少量、小火慢炒，切不可心急大火猛催，这样很容易米心还没炒透、水分也没炒出来，而外面的表皮就已经焦糊了。近年来，我们在实际工作中发现，使用电饼铛炒烤米粉，效果非常的不错。

制作方法

主 料 带皮五花肉 400 克

配 料 炒米粉

调 料 姜、葱丝、甜面酱、白糖

1. 把五花肉皮刮净，切成 10 厘米长、5 厘米宽的厚片。
2. 放入炒粉、甜面酱、白糖、少许水、姜葱丝拌匀，取碗垫上白菜，上笼蒸 5 个小时后，扣盘即成。

菜品特点：

肥而不腻，酱香突出，咸甜适口，回味无穷。

台鲞煨肉

原文 法与火腿煨肉同。鲞易烂，须先煨肉至八分，再加鲞，凉之则号『鲞冻』。绍兴人菜也。鲞不佳者，不必用。

这是一道绍兴菜。每逢新春佳节，家家户户都有精心制作“鲞冻肉”的饮食习惯。鲞冻肉又叫“鲞焐肉”，取鲞之音，有肉有余之吉兆，来年更有享头。民间除夕“分岁”时必备此菜！当地有民谚曰：“为过年下饭，通贫富有之，男女佣工贺年，去白吃鲞冻肉。”

“鲞”就是干鱼。至于“鲞”字的由来，据《吴地记》载：“吴王阖闾入海逐夷人，遇风浪而粮尽，吴王向海拜祷，但见金色鱼群逼海而来，三军雀跃。但夷人却一鱼无获，遂降，因名此鱼为逐夷。吴王凯归后仍思此鱼，臣属奏称，鱼已曝干。吴王取鱼干食之，其味甚美。因此以鱼置于美下，而成鲞字。”鲞为干鱼，由此引申，浙江人对晒干的菜脯亦称鲞，瓜脯称尺鲞，茄子称茄鲞。

制作鲞煨肉，鲞不好的不能用，鲞以白鲞为佳，白鲞即黄鱼鲞。伏天取黄鱼收拾干净以后晒压，因其色白坚硬，由此得名为“白鲞”。此菜以白鲞与五花猪肉两味相互渗透，鲜美而咸香，且风味独特。制作这道菜，要用文火慢慢细煮而成，方法与火腿煨肉基本相同。但须注意的是，鱼鲞易烂，须先煨肉至八分熟时，才能加鲞入煨。此菜热吃、凉食均可，凉吃会味道更佳。绍兴人称其为“鲞冻”，其咸鲜合一、鲜香酥糯、红亮晶莹、油而不腻、别有风味。

制作方法

主料 带皮五花肉 1000 克

配料 鲞鱼干 400 克

调料 酱油、绍酒、糖、葱二根、姜片、八角、油

1. 将五花肉刮毛洗净，切小方块，锅上火放油，油热后将肉块煸炒，煸到肉变色时放入葱、姜煸香，然后加酱油、酒、兑入开水，以没过肉面为度，待汤沸后撇去浮沫，移小火煨煮。
2. 鲞鱼干泡软刮去鳞洗净，去头鳍，切成长方块待用。
3. 将肉烧至酥透时，将鲞鱼干加入略烧，待烧至鲞透，香味出时起锅装盘上席。亦可盛入钵中，晾凉后做成鲞冻，当凉菜食用。

菜品特点：

色呈红色，口味醇厚，鲞鲜肉香，其味独特。

芙蓉肉

原文 精肉一斤，切片，清酱拖过，风干一个时辰。用大虾肉四十个，猪油二两，切骰子大，将虾肉放在猪肉上，一只虾，一块肉，敲扁，将滚水煮熟撩起。熬菜油半斤，将肉片放在眼铜勺内，将滚油灌熟。肉片上再用秋油半酒杯，酒一杯，鸡汤一茶杯，熬滚，浇加蒸粉、葱、椒，糁上起锅。

芙蓉最早是荷花的别名。今则多称木芙蓉为芙蓉。芙蓉别名“芙蓉花”、“酒醉芙蓉”。其花有白、粉、红等颜色，因其生于陆地为木本植物，故又名“木芙蓉”。芙蓉花每到晚秋时节才开，须经霜浸露凌，才显其丰姿艳丽。

芙蓉肉以猪肉、大虾为原料，由于虾肉熟后色呈粉红，恰似芙蓉，因此而得名。这道菜肉片干香、虾肉软嫩，是浙江杭州地区的传统名菜。但是芙蓉肉的制作方法比较费功夫，需要厨师具有极大的耐心。

制作此菜需要将通脊肉切片，然后用清酱拖过。清酱即酱油，古代酱油还有其他名称如：豆酱清、酱汁、酱料、豉油、豉汁、淋油、柚油、晒油、座油、伏油、秋油、母油、套油、双套油等。中国历史上最早使用“酱油”这个名称是在宋朝，在林洪著《山家清供》中即有：“韭叶嫩者，用姜丝、酱油、滴醋拌食”的记述。

滚油灌熟，是把热油反复浇浸在肉片上，使其浇烫成熟的意思。加蒸粉、葱、椒起锅。蒸粉是一种由绿豆用水浸涨磨碎后，沉淀沥干之粉，也叫老干粉。此粉细嫩，黏性足、吸水性小，色洁白而有光泽。是古时淀粉中最好的一种，袁枚所叙述这道菜的意思，是用热油把肉淋熟，再用酱油、酒、鸡汤熬开，并用绿豆淀粉勾芡，糁有涂抹和黏沾之意，最后是勾完芡撒上葱粒、椒粒即可。

制作方法

主　料 猪通脊肉 500 克

配　料 大虾肉 40 个、猪板油一块、鸡蛋

调　料 酱油、绍酒、葱、花椒、绿豆淀粉、香油

1. 猪通脊肉去筋切片，用酱油拖一下风干，猪板油切成小粒备用。
2. 将切好的里脊肉片放入容器中，倒入适量生抽搅拌均匀后，腌制 15 分钟。
3. 取肉片撒上适量干淀粉，将大虾肉与猪肉，以一只虾一块肉的方式叠在一起敲扁。
4. 将敲扁的芙蓉虾肉用沸水氽烫成形，然后平摊在漏勺中，锅中放菜油熬热，放入花椒粒，爆出香味后将花椒粒捞出，把油淋在芙蓉肉上使之成熟后装盘。
5. 锅中放秋油半酒杯、酒一杯、鸡汤一茶杯，熬滚开后，用绿豆粉勾芡浇在肉上，最后撒上葱、花椒末起锅。

菜品特点：

色泽美观，香鲜可口。

八宝肉圆

原文 猪肉精、肥各半，斩成细酱，用松仁、香蕈、笋尖、荸荠、瓜、姜之类，斩成细酱，加纤粉和捏成团，放入盘中，加甜酒、秋油蒸之。入口松脆。家致华云：『肉圆宜切，不宜斩。』必别有所见。

八宝肉圆又叫“八珍肉圆”，在江南一带酒宴上，第三道菜必是肉圆子。如果肉圆子做得不好，说明厨师的水平有限，没有肉圆的酒宴是不圆满的，所以肉圆子象征事情圆满成功。而且八宝肉圆做工非常讲究，其工艺要比一般肉圆做得细致。此菜流传于江南一带，味道和口感可以说是百吃不厌。

此菜与“扬州狮子头”有些相似之处，猪肉肥瘦各半，细切粗斩为末，但是具体制作起来还是略有区别。狮子头只加马蹄，八宝肉圆却加入松仁、香蕈、笋尖、荸荠、瓜、姜之类八宝料，在加入芡粉和调料调匀。狮子头为煮炖熟，八宝肉圆放入盘中，加甜酒、秋油蒸熟，吃到嘴里松脆有味。做此肉圆宜切不宜剁，猪肉切而不剁使鲜味不失，盐运史家致华的家厨这道菜做得最好。此菜因加诸多配料故名“八宝肉圆”。饮食中常以八宝命名，如“八宝酱”、“八宝糕”、“八宝鸭”、“八宝饭”等。

所谓“八宝”，原指佛教里面的八种供器，又名“八吉祥”。其中包括：“轮、螺、伞、盖、花、罐、鱼、长”。再有就是“道家八宝”，也称“暗八仙”。其排列次序是“扇子、鱼鼓、莲花、葫芦、宝剑、花篮、横笛、阴阳板。”除此以外，还有民间八宝，指的是“和盒、玉鱼、鼓板、磬、龙门、灵芝、松、鹤”八种物件。在中国民俗建筑，门楣砖雕、门扇裙板、堂内挂落、隔间屏风上，常可见这八种祥瑞之物的图饰。因其美观大方、寓意吉祥，并且隐含了家庭和睦、夫妻恩爱、子孙兴旺、功名利禄、延年益寿、富贵长乐的意义，从而备受人们的青睐。

制作方法

主料 五花肉 500 克

配料 松仁、香蕈、笋尖、荸荠、酱瓜、姜

调料 酱油、甜酒、鸡蛋、芡粉、盐

❶ 将五花肉细切粗斩成石榴子大小的粒，松仁、香菇、笋尖、荸荠、酱瓜、姜等亦切碎待用。

❷ 把切好的肉粒和配料放入容器，加入盐、酒、一个蛋清、葱姜水、芡粉反复摔打上劲待用。

❸ 锅中放水，加姜、葱、绍酒煮沸后改小火，把打好的肉馅团成茶杯大小的圆子放入，定形后捞出放入容器，加入以甜酒、秋油调的汁水，上笼蒸熟即可。

菜品特点：

口感脆嫩。

随园酱肉

原文 先微腌，用面酱酱之，或单用秋油拌郁，风干。

酱肉是将猪肉用甜面酱、香料腌制后经自然风干而成的，由于添加了甜面酱，故称为酱肉。酱肉和北京“清酱肉”的制作方法有许多相似之处。不过酱肉用甜面酱，“清酱肉”用清酱。

说到“酱”，它可是人类文明的标志。上古先民发现并使用了火，结束了生吞活剥、茹毛饮血的生活，这才有了“烹”；后来又发现了盐，也就出现了“调”。如果说火是人类走向文明的里程碑，那调味就是人类进化的关键！而“酱”在诸多调味中的位置，是至关重要的。因为盐是大自然固有的，“酱”才是人类发明的调味料。

中国的“酱”，总体可分为“豆酱”和“麦酱”两大类别。但这两大类并不是完全对等、平分秋色的。古往今来，“豆酱”一直是占据着主导地位，正如南朝梁人著名的医家陶弘景所说：“酱多以豆作，纯麦者少。”当然由于社会经济的发展，中国“酱”的种类和品种绝不仅仅止于豆酱、面酱两类，还有甜酱、辣椒酱、花生酱、芝麻酱、虾酱等十余种。

腌渍酱肉选用面酱，又称甜面酱，是以面粉为主要原料，经制曲和保温发酵制成的一种酱状调味品。其味甜中带咸，同时有酱香和酯香。酱肉集肉香、酱香、鲜味于一体，是一个风味浓郁、口感良好的肉制品。

当然，袁枚还有一种方法，就是将肉微腌，把酱油加茴香、八角、花椒这些香料和糖一起煮开了，把肉放入拌郁浸泡，然后再风干。现在的杭州人都用此法酱肉、酱鸡、酱鸭、酱鲫鱼等。此法比效省事，但味道却不如面酱腌的好。

制作方法

主料 猪前腿肉或五花肉 5 千克

调料 甜面酱、姜、花椒、大料、小茴香、甘草、酱油适量

1. 将猪五花肉改成条子，将细盐分几次撒在肉上，挤出血水腌制 2 天，中途翻倒两次。
2. 将腌好的肉放入大缸内放面酱腌 7 天，每天倒缸一次，然后捞出从边上拴穿麻绳，挂在通风处晾干。
3. 将晾好的酱肉取出，用清水浸泡刷洗干净，上笼屉蒸熟，放凉切片上桌。

菜品特点：

色泽酱红，肉丝分明，清香鲜美，风味独特。

酱炙排骨

原文 取勒条排骨精肥各半者，抽去当中直骨，以葱代之，炙用醋、酱频频刷上，不可太枯。

炙，古称“炮”，其实就是烤的意思。排骨按其部位，可分为：小排、子排、大排、肋排。小排是指猪腹腔靠近肚腩部分的排骨，它的上边是肋排和子排。小排的肉层比较厚，并带有白色软骨，适合蒸、炸、烤，但是要剁成小块才好。子排是指腹腔连接背脊的部位，适合炸、烤、红烧。大排是里脊肉和背脊肉连接的部位，又称为肉排，可以油炸、卤、酱等。肋排是胸腔的片状排骨，肉层比较薄、肉质比较瘦、口感比较嫩，可以用来蒸、炸、红烧。大片的适合烤，烤肋排以选用中段的嫩排为最佳。

俗话说“要吃肉、骨中瘦”。骨头上的瘦肉最好吃。这道菜最关键的一步，是去掉肋骨当中直骨，并以葱代之。此法叫偷梁换柱，比喻以假代真。但此法并非以劣代优，而是为了使菜肴升华，这样上火一烤，自然就会葱香宜人、去腥解腻。

排骨去除骨头，有生出和熟出两种方法，酱炙排骨用的就是生出骨头之法。去除骨头以后，然后将排骨肉在火上炙烤，同时频频刷抹盐、醋、酱、绍酒等调料，且一边烤一边添加佐料。金陵的叉烤之法，或许能找到这种方法的踪影，但烤排骨不可烤得太焦枯，否则就会失去鲜嫩的口感。

制作方法

主料 猪肋排 750 克

配料 葱白 100 克

调料 盐、绍酒、甜酱、糖、醋

1. 将猪肋排斩成块，抽去骨头以盐、酒腌渍入味。
2. 将葱切段穿入肋骨之中，摆放在铁丝烤网上，相互间略留些缝隙，然后合上烤网，两端夹起待用。
3. 将在烤网放炭火炉上，先烤一面，翻转再烤另一面，两面反复烤匀，将绍酒、甜酱、糖、醋调成酱汁，在肋排表面上频频涂刷，同时两面翻动不要烤枯、烤糊，待排骨成熟后，除去烤网取出排骨装盘即可。

菜品特点：

肉质酥烂，味香浓郁，酥而不腻，香气扑鼻。

罗蓑肉

原文 以作鸡松法作之。存盖面之皮。将皮下精肉斩成碎团，加作料烹熟。聂厨能之。

袁枚为了追求美味，所到之处一旦尝到美味，必派家厨到人家府上，拜人家的家厨为师，学习人家的烹饪绝技，这种做法一下就持续了四十多年。从某种角度来说，“随园菜”之所以能名传千古，真是得益于袁枚家厨的功劳。

随园聂厨原本端州人氏，厨艺精湛，做得一手好菜。他以制作“鸡松”的方法，做了一道“罗蓑肉”，此菜颇为新颖。

王小余是袁枚家的第一任掌勺厨师，每当他做菜的时候，其香味能够散发到十步以外，闻到的人无不垂涎。他对于烹饪技艺颇有研究，曾发表过一系列高见，这些技术上的真知灼见，对袁枚影响很大。袁枚所著的《随园食单》中，有很多篇幅都是得力于王小余的非凡见解。

王小余不光厨艺精湛，而且德行深厚。想挖他跳槽的真是大有人在，包括袁枚的顶头上司两江总督尹继善。许给王小余的待遇远胜袁枚数倍，但王小余不为所动。有人问王小余：“以你的才华，不去供职朱门权贵之家，而要终老随园，是何道理？”他说：“知己难，知味尤难，所谓知己者，不仅是了解你的长处，你的短处他也同样清楚。现在的主人赏识我，对我的缺点并不隐晦，批评的话句句戳中要害。美誉之苦，不如严训之甘也。如此我的技艺方能日日有长进。”王小余将袁枚视作琴剑知音，袁枚也没把王小余当下人看待。两人经常在一起互相切磋。王小余死后，袁枚为他专门写了一篇《厨者王小余》。因此他也就成为了我国古代唯一死后留有传记的厨师。

制作方法

主料 五花肉

配料 松子、香菇、冬笋

调料 绍酒、酱油、姜、葱、芡粉

❶ 五花肉改成方肉，把肉皮下的精肉片下，肉皮保持完整，肉面剁上几刀。将片下的精肉剁碎成肉馅，松子、香菇、冬笋等配料也剁碎，放在一起，加调料拌均搅上劲。

❷ 把调好的肉馅放在带节皮肉面上用力抹平，放入油锅炸黄捞出。

❸ 炸好的罗蓑肉放在容器内，加入料酒、酱油、姜、葱放入笼屉蒸二小时，蒸透以后取出改刀摆盘，用原汁调味，勾芡淋上即可食用。

菜品特点：

制法精细，配料广泛，鲜香味美，吃口松嫩。

杨公圆

原文 杨明府作肉圆，大如茶杯，细腻绝伦。汤尤鲜洁，入口如酥。大概去筋去节，斩之极细，肥瘦各半，用纤合匀。

《随园食单》共记载菜品326种，其中有名有出处的官府菜点72种，如：杨明府冬瓜燕窝、杨中丞鳆鱼豆腐、苏州唐氏炒鳇鱼片、钱观察家制猪蹄、尹文端公家风肉、南京高太守家制捶鸡、蒋御史鸡、唐鸡、苏州包道台野鸭片、真定魏太守蒸鸭、冯观察家烧鸭、蒋侍郎豆腐、山东孔藩台家制薄饼等等，其中杨明府家品种最多。

杨公乃粤东知府，清代官场中客气时称官衔，不直接称正式官衔，而用代称，如：知县称“县令”，知府称“明府”，巡抚称“中丞”，总督称“制军”，提督称“提军”，这都是以官场称呼称之。

袁枚晚年到粤东，杨公热情款待，命家厨变着样地给袁枚制作美食。其中有一道名为“肉圆”的菜品，其大如茶杯，与扬州狮子头反其道而行之。口感细腻至极、汤鲜入味，圆子入口即化。制作此菜，须取鲜肉肥瘦各半，去筋节斩剁极细并微加薄芡。其中打水是其关键所在。每斤肉须打入半斤水，水多了澥松、水少了不嫩。打好后在手中揉成团，放炖好的凉鸡汤内，慢慢升温炖之。袁枚呼其为“杨公圆”，其烹饪确有独到之处，惜未留下家厨姓名，令人感到很遗憾。

制作方法

主料 肥瘦猪肉各半，共500克

配料 鸡蛋

调料 盐、绍酒、鸡汤、芡粉

1. 将肥瘦各半的猪肉剁成肉糜、肉茸，加鸡蛋清1个，盐、绍酒，少许粉芡调匀摔打上劲。
2. 做成茶杯大小的肉圆，用鸡汤煮制成熟之后调味即可。

菜品特点：

色泽洁白，细腻酥嫩，入口即化，汤鲜绝伦。

杂牲单

牛、羊、鹿三牲，非南人家常时有之之物。然制法不可不知。作《杂牲单》。

清煨牛肉

原文 买牛肉法，先下各铺以定钱，凑取腿筋夹肉处，不精不肥。然后带回家中，剔去皮膜，用三分酒、二分水清煨，极烂；再加秋油收汤。此太牢独法治孤行者也，不可加别物配搭。

在传统饮食习惯中，牛羊是上等的肉食，天子食“太牢”，牛、羊、豕三牲俱全，诸侯食牛，卿食羊，大夫食豕，士食鱼炙，庶人食菜。从排名上看，牛羊在猪之上。首先牛在农耕时代是重要的生产资料，在许多朝代都不许私自杀牛，就连诸侯也是一样，没什么重要的事都不能轻易杀牛。《礼记·王制》说：“诸侯无故不杀牛，大夫无故不杀羊，士无故不杀犬豕，庶人无故不食珍。”

袁枚认为牛肉不可加别物配搭，故写下“太牢独法治孤行者也”之句。“太牢”者，牛也。所谓“太牢”，即古代帝王祭祀社稷时的牺牲。旧时祭礼，即牛、羊、豕(shǐ，猪)俱用，曰为“太牢”。

“太牢”之祭是古代国家规格最高的祭祀大典，牛、羊、豕三牲全备，行祭前需先饲养于牢。说文解字：宝盖下一牛曰为“牢”，故这类牺牲称之为牢；这也就难怪“牺牲”二字偏旁皆为牛了。

王公大臣祭祀降一级，不用牛，称之为“少牢”。而普通百姓祭祀，只能用猪头、公鸡和鲤鱼这“猪头三牲”。这就不免让我想起一句歇后语，即“猪头三——生（牲）”。也就是说，“猪头三”不是喻其胖，而是斥其“生”，泛指那些处事愚蠢、不灵光、有点憨头憨脑的人。

回过头来再说“牢牛”。所谓“牢牛”就是最好的肉牛，属于第一等肉畜。煨食宜用牛窝骨筋、腰窝、套皮等肉中夹筋为最佳。

制作方法

主料 牛腿肉 1000 克

调料 酱油、绍酒、糖、姜、葱、盐

1. 将牛腿肉剔去皮膜，剁成核桃块，用凉水浸泡去掉血水。
2. 牛肉焯水，撇去浮沫煮沸后捞出洗净，原汤留用。
3. 牛肉块放入砂锅，加绍酒、姜、葱，原汤大火煮肉，烧开后盖上锅盖，用小火煨成七分熟时，再加酱油、糖调好口，煨至酥烂即可。

菜品特点：

汤清肉嫩，滋味香浓，不肥不腻，不瘦不柴。

煨牛舌

原文 牛舌最佳。去皮、撕膜、切片，入肉中同煨。亦有冬腌风干者，隔年食之，极似好火腿。

牛舌又叫牛口条，因“舌”与“折”谐音，通常视为不吉，故避“舌”曰“条”。而在没有说明是牛口条时，口条一般泛指猪舌头。广东人因舌音联想蚀水，所以改为“脷”，猪舌头为“猪脷”，牛舌头为“牛脷”。四川则把舌头称为“猪招财”、“牛招财”，如到了四川，就不要张口闭口地买猪舌头和牛舌头了，否则会出笑话。

以前将牛舌视为贱物，其实牛舌是最美味的！用来制菜风味独特。袁枚将牛舌切成片与牛肉同煨，牛舌煮后沙糯鲜香、肉质细腻，成菜软糯、味道醇厚，咸鲜回甜、不觉腻口，且汤味纯正。

制作此菜，则必须把牛舌表面舌苔去掉。将牛舌投入开水中翻烫，经数分钟后，可见牛舌苔因受烫而变为白色，舌苔翘起、与舌体松脱时，即可将牛舌捞出在清水下洗净黏液，再用刀（以使用小刀较为方便）细心将其舌面的浮衣状白苔一一全部刮除，完成后即可再次清洗改刀烹制。

《随园食单》上记载亦有一法，冬日将牛舌腌渍风干，此牛舌隔年食用。风干之舌，味道非同一般，其肉质红、齿嚼余香，从外观到口感，极似好火腿。

制作方法

主料 牛舌一条

配料 牛腿肉 300 克

调料 盐、绍酒、酱油、冰糖、姜、胡椒粉

1. 将牛舌洗净，置水锅中略煮，等表层变色捞出，撕掉苔皮切片，牛肉切厚片泡去血水。
2. 将牛舌、牛肉焯水洗净，放入砂锅加水烧沸，放入绍酒、酱油、冰糖、姜等作料一同煨煮到八成熟时，然后加盐、酱油找好口味，继续煨至牛舌酥烂，汤汁浓稠时即可。

菜品特点：

以牛舌与牛肉同炖，牛肉筋多，牛舌肉厚，相得益彰。

煨羊头

原文 羊头毛要去净，如去不净，用火烧之。洗净切开，煮烂去骨。其口内老皮俱要去净。将眼睛切成二块，去黑皮，眼珠不用，切成碎丁。取老肥母鸡汤煮之，加香蕈、笋丁，甜酒四两，秋油一杯。如吃辣，用小胡椒十二颗、葱花十二段；如吃酸，用好米醋一杯。

“全羊席”的出现已有近三百年历史，它比“全龙席”、“全凤席”、“全虎席”和“全素席”出现得都晚。所谓“全羊席”，是指用羊的各个不同部位，烹制出各具特色风味、不同口味的菜肴来，而在所有的菜名中又始终不露一个“羊”字，吃羊不见羊，全以美丽、形象、生动的别名代称。

“全羊席”是清真菜中的最高档筵席。据文字记载，最早见于清袁枚的《随园食单》：“全羊法有七十二种，可吃者，不过十八九种而已，此屠龙之技，家厨难当。一盘一碗虽全是羊肉，而味各不同。”

民国五年徐珂在《饮食类·全羊类》中记载：“清江庖人善治羊，如设盛筵，可用羊之全体为之、蒸之、烹之、炮之、炒之、爆之、烤之、熏之、炸之。汤也、羹也、膏也、甜也、咸也、辣也、椒盐也。所盛之器，或以碗，或以盘，或以碟，无往而不见羊也。多至七八十品，品味各异。吃称一百有八品者，张大之辞也。中有纯以鸡鸭为之者，即非回教中人，亦优为主，谓之全羊席。同光年间有之。”徐珂的记载与袁枚相比较，菜品总数由72种增加到108种，实际制作的也由近20种增加到近80种。而以羊头制作的菜品，又为“全羊席”所有菜品之首，由此表明了“全羊席”整个发展、完善的过程。

制作方法

主料 净羊头

配料 香菇丁、笋丁

调料 老母鸡汤、料酒、酱油、胡椒、葱花、米醋

1. 净羊头劈开煮熟去骨取肉、羊舌，取羊眼切成二块，去黑皮，眼珠不用，将羊肉、羊舌、羊眼切成丁。
2. 锅中放油下葱段、姜片炸成金黄色，烹料酒下鸡汤，烧开后捞出葱姜，下入羊头肉、羊舌、羊眼烧至软烂，下胡椒粉、酱油找色找味，最后下葱花十二段和米醋一杯即可。

菜品特点：

羊肉软烂、酸辣可口。

山药煨羊蹄

原文 煨羊蹄照煨猪蹄法，分红、白二色。大抵用清酱煮红，用盐者白。山药丁同煨。

羊蹄内含丰富的胶原蛋白质，脂肪含量也比肥肉低，并且不含胆固醇，能增强人体细胞生理代谢，有强筋壮骨之功效，对腰膝酸软、身体瘦弱者有很好的食疗作用。其胶质组织则更是鲜美无比，是烹制筵席佳肴的重要原料。

羊蹄常见的做法是卤制，香辣、酱香味型居多。随园煨羊蹄则按照煨猪蹄之法，取羊蹄加料煮，可分红白两种颜色。用清酱煨煮的就颜色发红，只用盐煨煮就是白色。也可加山药同煨，羊蹄与山药相配，既营养又美味。

山药古称薯蓣，为避皇帝的名讳改叫山药。据《神农本草经》记载：“薯蓣味甘温。主伤中，补虚羸，除寒热邪气，补中益气力，长肌肉。久服耳目聪明，轻身不饥，延年。”

厨圣伊尹云：“夫三群之虫，水居者腥，肉玃者臊，草食者膻。臭恶犹美，皆有所以。”羊食草肉膻，羊蹄收拾不当更膻且有臭味，去掉异味是制羊蹄之关键。厨师要是过不了这关，就无法得道成仙。

制此菜须注意的是，一是羊蹄要选新鲜膻味小的。二是锅内不要加五香、八角类的香料，否则会使汤混浊，破坏了汤的乳白浓郁和鲜美，使汤汁失去原汁原味。三是煮时旺火烧开转小火细炖，能增加菜肴风味。四是羊蹄本身肉少，不能烧过火，否则就剩下皮包骨，而缺乏口感。

制作方法

主料 羊蹄

配料 山药

调料 绍酒、盐、葱、姜、花椒面

❶ 羊蹄洗净放入水锅中，加姜、葱、花椒，煮到大骨脱落时捞出，择去小骨切块，山药去节皮，切成大丁。

❷ 锅中放油，下葱、姜炸至金黄色，入鸡汤烧开，煮沸后拣去葱姜，再放鸡油，大火翻滚煮沸，使汤呈白色。

❸ 将白汤倒入沙锅，放入羊蹄、山药，用大火煮开，加盐、绍酒、姜汁，煨至羊蹄软烂、山药入味即可。

菜品特点：

汤汁浓白，原汁原味，营养丰富。

羊肚羹

原文 将羊肚洗净，煮烂切丝，用本汤煨之。加胡椒、醋俱可。北人炒法，南人不能如其脆。钱玙沙方伯家，锅烧羊肉极佳，将求其法。

羊肚的一般吃法，除去煨汤以外，唯有爆法最佳。羊肚适宜水爆、油爆、汤爆、芫爆等。油爆是鲁菜中做法，用水烫过羊肚后，再用油爆炒。汤爆是先用水焯过羊肚，然后再烧制高汤冲泡羊肚，类似于肚丝汤。芫爆因在烹制时要加入香菜（芫荽），因此而得名。油爆是饭馆、饭庄的做法，水爆则为市井小贩的拿手活计，总之是各有各的绝招。

水爆要求水旺火旺，根据部位不同，在滚水之中汆煮，多则十几秒、少则只有几秒，捞出后蘸小料食用。水爆不需将肚完全烫熟，其口感要求是鲜爽脆嫩，这就需要较多的技术及经验来掌握时间和火候。否则老了嚼不动，生了又不熟。

羊肚通常大致分为：葫芦、食信、肚板、肚芯、肚仁、肚领、散丹、蘑菇、蘑菇头九个部位。其部位不同，口感也不一样。

爆羊肚一般南方人是吃不惯的，嫌其膻味儿太重。可是老北京人最好这口儿！对于羊肚，北人擅长、南人不得其法，做得没有北方那样脆嫩。但袁枚有一用羊肚做汤羹的菜品，可谓是别出新裁、独具一格的。若论用羊肚做羹，最好用百叶、肚板，煮烂后切细丝，再用鸡汤煨之，用本汤则更佳，加胡椒、醋俱可。

制作方法

主料 羊肚 200 克

配料 笋 75 克、芫荽 30 克

调料 盐、绍酒、香醋、姜汁、生粉、胡椒粉

1. 羊肚清洗干净后，放入水锅飞水捞出，锅中换清水加入葱、姜、绍酒、花椒少许，放入羊肚煮熟捞出。
2. 将熟羊肚切成细丝、芫荽去叶、去根切成寸段，笋切细丝。
3. 炒锅上火加入煮肚原汤，放盐、绍酒、姜汁、胡椒粉找好口味，然后把羊肚丝、笋丝放入，大火烧开，打浮沫，改中小火煨入味，用水淀粉勾芡，放入香醋、芫荽段搅匀即可。

菜品特点：

酸辣鲜香，开胃利口。

红煨羊肉

原文 与红煨猪肉同。加刺眼核桃，放入去膻。亦古法也。

羊肉性温，且营养丰富。冬季常吃羊肉，不仅可以增加人体热量抵御寒冷，而且还能增加人体消化酶，和保护胃壁、修复胃黏膜，帮助脾胃消化等功效，同时羊肉还具有补肾壮阳、补虚温中、延缓衰老等作用。再者羊肉鲜嫩，从某种角度来说，其营养价值往往高于猪肉和牛肉。

谚语有云："羊几贯？账难算，生折对半熟时半，百斤只剩廿余斤，缩到后来只一段。"这就是说 100 斤重的羊，分解下来的羊肉也就有 50 斤重，煮熟后大约只剩下 20 余斤左右。虽然羊肉出成低、损耗多，但也最能饱人。因此吃羊肉时，肚子里一定要留有余地，以待它发胀，不可吃得太多，过饱则伤脾坏腹。

有些人不喜欢吃羊肉，就是因为羊肉有腥膻味儿。其实，如果烹调方法得当，使用的调料合适，就会去掉膻味儿。民间有许多种羊肉去膻的方法，比如炖羊肉时加萝卜、山楂、米醋、绿豆、橘皮去膻，还可加药料去膻，在煮之前将羊肉用冷水浸泡也可去膻。据《随园食单》记载："用核桃去羊肉膻味。"其实此法非常简单，选上几个质量好的核桃，将其刺眼、带皮放入锅中与羊肉同煨，即可去羊肉膻味。

制作方法

主 料 带皮羊肉

配 料 刺眼核桃

调 料 酱油、绍酒、糖、葱、姜

1. 羊肉去骨，并刮净茸毛洗净，放入水锅中，加入葱、姜、绍酒略煮捞起，原汤留用。
2. 将羊肉切方块，核桃用锥子刺孔备用。
3. 砂锅垫竹箅，放入羊肉，加酱油、酒、葱、姜和扎过孔的核桃，倒入原汤，大火烧开后，改小火煨至羊肉酥烂，除去核桃，大火收汁出锅装盘，撒上葱花即可。

菜品特点：

汁浓味厚，鲜香无比。

炒羊肉丝

原文 与炒猪肉丝同。可以用纤，愈细愈佳。葱丝拌之。

早年吃羊肉讲究按季而食，俗话说："秋风起兮桂飘香，啖羊肉兮配琼浆；炭火炙兮烧并烤，燃铜锅兮滚沸汤！"

所谓羊肉吃法，无外乎以"爆、烤、涮"为主，也就是爆肉、烤肉、涮肉。而炒羊肉丝的做法，很像爆羊肉。首先精选羊肉切细丝，越细越好，用清酱浸郁片刻；锅中放油，俟油极热时下肉急火快炒，爆法一定要快，俗称"十八铲"。多则老韧，少则不熟。出锅前勾明芡，下葱丝拌匀出锅。

由于羊经过宰杀以后，因部位不同其质量也大不相同。烹调方法亦是更不一样，需分档取料。炒羊肉选料最为讲究，按老规矩，一只羊身上能炒能涮的部位只有：上脑、小三岔、大三岔、磨裆、黄瓜条等，其中以"上脑"最佳。特点是脂肪沉积于肉质中形似大理石花斑，且质地较嫩，适于熘、炒、氽等，是炒羊肉之上选。

羊肉细嫩味道鲜美，但是膻味较重。烹制时要多用酒、姜、蒜、胡椒去膻增香，并以调料相佐。有道是：世间万物相生相克。饮食亦然，羊肉喜大葱、生姜、香菜，洋葱、花椒、孜然，胡萝卜等，用这些辅料搭配会给羊肉增色不少。炒羊肉丝配葱入菜，其口味鲜香不失为上选。但据笔者考证，此菜用的不是大葱，而是香葱。

制作方法

主料 羊腿肉 450 克

配料 小葱 100 克

调料 酱油、绍酒、糖、生粉、素油

1. 将羊肉剔去筋膜切丝，置碗中加酱油、绍酒腌渍。
2. 小葱切丝、姜切丝。
3. 炒锅上火烧热，油热三四成，将羊肉丝入锅炒散，放入姜丝，加入酱油、绍酒，糖少许，炒匀至羊肉断生勾芡，放入葱丝旺火急炒几下，起锅装盘即可。

菜品特点：

滑嫩鲜香，汪油包汁，无腥膻气，且略带葱香。

烧羊肉

原文 羊肉切大块，重五七斤者，铁叉火上烧之。味果甘脆，宜惹宋仁宗认夜半之思也。

此菜说是烧实则烤，古代没有“烤”字，烤过去叫炙或燔，那烤字是怎么来的呢？相传20世纪30年代初，北京“清真烤肉苑”饭馆的老板恭请大书画家齐白石给饭馆写个字号。白石老人题写时不知写哪个“烤”为好，查了几部字典，只有“考”“烘”等字，觉得都不确切。他沉思良久后说：“烤肉要用火，那就用火字旁，加上会考的‘考’字，取其音，不就成了吗？”于是他挥毫题写“清真烤肉宛”五个字，并在这五个字和署名之间夹注了一行小字云：“诸书无烤字，应人所请，自我作古。”齐白石根据形声字的造字原则造了这个字，是符合汉字规律的。“火”字旁是炙、在几百年来民间口头已有“考”的说法基础上，取“考”字之音。由于齐白石造字有理，用得恰当，从此以后，“烤”字就被广泛使用了。

追溯烤羊肉的历史，大概从人类发现火以后，就开始用火炙烤各种野兽吃，那时没有调料，也没有什么工具。从考古资料看，早在1800年前《汉代画像》中就有烤羊肉串的石刻图像。汉唐宋元诸代，中原多以羊肉当家，贵族士夫对羊肉日食不腻，对猪肉则不大“感冒”。唐代仕子登科、官员荣升，都要摆宴庆贺，向天子献食，称为“烧尾宴”，其中肉食有牛、羊、鸡、鹅乃至鹿、熊野味，唯独猪肉缺“席”。宋代也爱吃羊肉，据载：宫廷膳房日杀绵羊二三百只。宋英宗削减开支，宫中一日犹杀羊四十只。到了明代，人们的口味才有所转变，猪肉渐成主流。到了清代，猪肉则完全取代了羊肉的主打地位，而将牛羊列入杂牲单。

制作方法

主 料 羊腿

调 料 甜面酱、黄瓜、葱丝

取肥羊肉切大块约五至七重斤，上铁叉，或用羊腿，用炭火烤熟，烤时不断翻身。好的羊肉无需很多调料，只需盐一味即可，吃时片成片，佐以面酱、葱丝、瓜条，夹烧饼吃甚佳。

菜品特点：

色泽焦黄油亮，味道不腻不膻，嫩香可口。

红烧鹿肉脯

原文 鹿肉不可轻得。得而制之，其嫩鲜在獐肉之上。烧食可，煨食亦可。

鹿肉药食两用，其味甘温、无毒、补虚羸、益气力、强五脏、养血生容，有补脾益气、温肾壮阳的功效。华佗有方："中风口偏者，以生鹿肉同生椒捣贴，正即除之。"李时珍云："鹿之一身皆益人，或煮、或蒸、或脯、同酒食之良，大抵鹿乃仙兽，纯阳多寿之物，能通督脉，又食良草，故其肉、角有益无损。"

中国传统医学认为，鹿肉属于纯阳之物，补益肾气之功为所有肉类之首。鹿瘦肉多，味道鲜美、肉质细嫩、结缔组织少，可烹制多种肴馔，是冬季进补御寒之佳品。但烹调前要长时间反复冲洗，并通过浸泡而去除血腥味。

国人食鹿历史悠久，早先的鹿肉都是打猎的战利品。历史上捕捉猎杀过度，以至于野生数量极少。尤其是野生梅花鹿，在中国已是高度濒危，现被国家列为一级保护动物。

鹿肉乃是难得的珍馐，袁枚曾称赞鹿肉"嫩、鲜、活"。其做法很多，可做鹿肉干，也可以用火炙烤食用，亦可慢火煨煮后食用。如果烹制得当的鹿肉，它鲜嫩的味道，绝对在獐子肉之上。

炙烤鹿肉要用整块肥鹿肉，架炭火上炙烤。频频刷扫盐水，俟两面俱熟时切片食用。烤鹿肉曾为清朝宫廷名菜，康熙皇帝创建了"木兰秋狝"制度，他一生曾猎获了数百只鹿，烤鹿肉是康熙皇帝最为喜欢的菜肴之一。

制作方法

主料 带皮鹿肋肉一方约 2000 克

配料 萝卜 100 克、陈皮二块

调料 素油、酱油、百花酒、甜酱、冰糖、姜汁、葱

1. 将带皮鹿肉炙烤，等皮面焦枯后，在清水中刮净，放水锅中略煮，捞起切块，原汤保留待用。
2. 炒锅加油将鹿肉煸炒，放甜酱煸香，再加酱油、绍酒、冰糖、姜块、陈皮和煮肉原汤烧开去浮沫。
3. 砂锅垫上竹箅，将鹿肉皮朝下放入，然后将汤倒入，放萝卜块，置旺火烧沸，加盖后移至小火，烧至酥烂后取出萝卜，鹿肉起锅装盘，另起锅将汁收浓，浇鹿肉上，即可上桌。

菜品特点：

口感咸香，回味不绝，大补名品、颇具野趣。

清煨鹿筋

原文 鹿筋二法，鹿筋难烂。须三日前先捶煮之，绞出臊水数遍，加肉汁汤煨之，再用鸡汁汤煨；加秋油、酒，微纤收汤；不搀他物，便成白色，用盘盛之。如兼用火腿、冬笋、香蕈同煨，便成红色，不收汤，以碗盛之。白色者加花椒细末。

鹿筋难烂，需发制三日，下锅三出水后再放入肉汤煮熟，方可烹制。《随园食单》载：鹿筋有红白二法，白煨者入鸡汤内煨烂入味，熟后收汁加些许花椒细末。红煨者用秋油、绍酒调色味，加火腿、冬笋、香蕈同煨，微微用一点点芡粉把汤收干，成菜红亮软糯。

鹿筋珍贵，有补虚、壮筋、健骨作用。古人将海参、鱼翅、明骨、鱼肚、燕窝、熊掌、鹿筋、蛤士蟆列为八珍，鹿筋名列其中。在中国的传统文化里，"鹿"与"禄"同音，被视之为吉祥之意。如民间流传已久的年画"福禄寿全"，即是把鹿与蝙蝠、寿星排列，讨其口彩以示祝福。

常见鹿筋为梅花鹿或马鹿四肢的筋，梅花鹿筋呈细长条状，长约 25 ~ 43 厘米、粗约 0.8 ~ 1.2 厘米。金黄色或棕黄色，有光泽、半透明。质坚韧难以折断。马鹿筋较梅花鹿筋粗，长约 37 ~ 54 厘米、粗约 1.4 ~ 3 厘米。好的鹿筋干燥，呈细长条状，金黄或棕黄色且有光泽而透明。质坚韧、气微腥。以身干、条长、粗大、金黄色、有光泽者为佳。

清代满族人喜食鹿肉，但是鹿筋却不能轻易得到，除非是皇宫大内。据清代御膳房史料《膳底档》记载，当年帝后御膳中，即有"红扒鹿筋一品"。

制作方法

主料 干鹿筋 300 克

配料 火腿 100 克、冬笋 50 克、冬菇 40 克

调料 盐、绍酒、姜、花椒末、鸡汤

1. 干鹿筋先用凉水浸泡，待其松软后捞起入水中洗净，再用木棒捶打，反复焯煮冲洗绞出臊水，然后换水多加葱、姜、酒方除腥臊异味，以小火慢煮，煨至半熟捞出。用刀刮净表面皮膜杂质，再洗净放置盆内，复加鸡汤、葱段、姜片、大料、绍酒、精盐，蒸至九成烂后将鹿筋取出。
2. 熟火腿切片，冬菇、冬笋切片。
3. 锅中放入鸡汤，把煨好的鹿筋捞入，加上火腿、冬菇、冬笋，放入调料找口，略煨片刻勾芡，起锅装碗，撒上花椒末即可。

菜品特点：

汤白筋烂，清鲜而味醇。

假牛乳

原文 用鸡蛋清拌蜜酒酿，打掇入化，上锅蒸之。以嫩腻为主。火候迟便老，蛋清太多亦老。

奶酪本是北方少数民族所发明，又称乳酪或酥酪，是用牛乳汁制成的半凝固食品。徐珂《清稗类钞》亦谓："奶酪者，制牛乳和以糖使成浆也，俗呼奶茶，北人恒饮之。"

清代沈太侔《东华琐录》称："市肆亦有牛乳者，有凝如膏，所谓酪也。或饰之以瓜子之属，谓之八宝，红白紫绿，斑斓可观。溶之如汤，则白如饧，沃如沸雪，所谓你（即奶）茶也。炙你令热，熟卷为片，有酥皮、火皮之目，实以山楂、核桃，杂以诸果，双卷两端，切为寸断，奶卷也。其余或凝而范以模，如棋子，以为饼；或屑为面，实以馅而为饽，其实皆所谓酥酪而已。"

奶酪也叫牛乳，在元、明、清三朝曾是只有皇家才能独享的宫廷小吃，由于其工艺秘方从不外传，因此即便是当年的高官贵戚也难得一尝，寻常百姓更是对此等珍馐闻所未闻。但在清代官府之中流行一种食品，号假牛乳。虽名为假，但却以假托真，与奶酪神形兼备，吃起来别有一番风味。

此物用蛋清和米酒混合，不停地搅动，使这几样东西融为一体，放在锅里蒸制而成。米酒也叫醪糟、酒酿、甜米酒、糯米酒、江米酒等，蒸时注意蛋清和米酒比例，成品如奶酪般白嫩细腻。其蒸制火候要求极其严格，否则过火即老，呈蜂窝棉絮状且口感粗糙；欠火则生，使其不能成形而无法食之。

随着清朝的衰亡，当年曾象征着皇家尊贵身份的奶酪，也便随之散落民间，成为了遍地都可尝到著名小吃。与之相反的是，假牛乳却再也吃不到了。幸有《随园食单》记载此法，才不至于失传。

制作方法

主料 鸡蛋清8只

配料 酒酿75克

调料 糖

1. 鸡蛋清置碗中，打均匀，注意不要打发。加入蜜酒、糖、酒酿调均，然后分盛入小碗中。
2. 蒸锅上火加水烧沸，将小碗放入盖上锅盖，以旺火略蒸，改文火焐蒸，蒸至蛋白凝固，洁白嫩滑时取出即可。

菜品特点：

甜嫩爽滑，回味无穷。

羽族单

鸡功最巨，诸菜赖之。如善人积阴德而人不知。故令领羽族之首，而以他禽附之。作《羽族单》。

白片鸡

原文 肥鸡白片，自是太羹、玄酒之味。尤宜于下乡村、入旅店，烹饪不及之时，最为省便。煮时水不可多。

在美食界中，说起来要数“鸡”的功劳最大！似乎无论做什么菜都离不开它，所以《随园食单》将其列为“羽族单”之首，而以其他的禽类食材附在其后，是有一定道理的。“羽族单”上列出与鸡有关的菜共有数十款，使用了蒸、炮、煨、卤、糟等各种烹饪技法。在这其中，排在头一位的就是白片鸡。

白片鸡始于民间酒店，有的地方叫白斩鸡、白切鸡，是鸡肴中最普通的一种。因烹鸡时不加调味，以白煮而成得名。故袁枚说：“肥鸡白片，自是太羹、玄酒之味。”

太羹又称大羹，是古时祭祀所用肉汁；玄酒乃古代祭祀当酒用的水，后引申为薄酒，此两者皆是无味之味。太羹、玄酒乃六经之首，实在贴合了白片鸡无味又有味的特色。尤其适合在农村乡下，入旅店烹饪不及之时，制作白片鸡最为省事方便。

白片鸡的制作方法属浸鸡法，以刚熟不烂为合适，保持原味是其特点。按坊间流行已久的说法，白片鸡宜用三黄鸡制作。三黄鸡是中国著名的土鸡品种，因其羽黄、脚黄和喙黄，而被赐名“三黄”。鸡以雌嫩、鸭为雄肥。由此推断出，制作白片鸡必须选用没有下过蛋的三黄母鸡，才是最为合适的。

做白片鸡讲究嫩，做法看似简单，但要真正达到皮黄、肉嫩、油光好的标准，却着实的不容易。煮鸡时水烧开后入鸡，水沸后提起，须反复三次，以增加鸡皮的脆爽和鸡肉的嫩滑，成品讲究皮黄、肉白、骨头红。没有多年的历练，是无法做到肉不带血、骨中带血，肉刚熟而骨不熟的境界的。

制作方法

主 料 三黄鸡 1 只

调 料 姜泥、葱段、姜片、香葱、生抽、盐

❶ 把三黄鸡去内脏洗净，锅中放水加姜片、葱段水沸后放入鸡，再次水沸后提起，须反复三次，然后转小火煮 5 分钟，再关火加盖焖 15 分钟，到时间提出，放入事先准备好的凉开水中冷却。

❷ 姜搓泥、香葱切末，用沸油浇入搅拌，放生抽、盐调味。

❸ 捞出浸熟的鸡，去掉大骨斩件装盘，以调味碟佐餐。

菜品特点：

原汁原味，皮黄肉白，皮爽肉滑，清淡鲜美。

鸡松

原文 肥鸡一只，用两腿，去筋骨剁碎，不可伤皮。用鸡蛋清、粉纤、松子肉，同剁成块。如腿不敷用，添脯子肉，切成方块，用香油灼黄，起放钵头内，加百花酒半斤、秋油一大杯、鸡油一铁勺，加冬笋、香蕈、姜、葱等。将所余鸡骨皮盖面，加水一大碗，下蒸笼蒸透，临吃去之。

此鸡松可不是太仓特产的“鸡松”，江苏太仓以产肉松闻名，无论猪肉、牛肉、鸡肉和鱼肉等都可以加工为松。“鸡松”以鸡肉为原料加工，配以酱油、冰糖、大料、鲜姜、黄酒等佐料加工而成，其色黄丝长、蓬松清香、品质柔软、滋味鲜美、清香可口、入口即化、肉质干燥、便于携带保存，最宜婴儿、病人、老年人食用。

这道鸡松也非广东菜的“炒鸡松”，“炒鸡松”是由传统“生菜鸽松”演变而来的。做炒鸡松最重要的是鸡肉不能用绞的馅，而是要用刀切出细小粒状的鸡肉，炒后包裹生菜食用，或用薄饼卷起来吃。

“羽族单”里的这道鸡松，准确地说应叫蒸鸡腿肉饼，与现在所流行的红松鸡做法非常近似。其制作方法是，取肥鸡一只，只用两条腿。去掉腿上的筋骨，鸡腿肉较为厚实难以入味，所以要把鸡腿肉剁碎。如腿肉不够用，也可添加些鸡胸肉，一起剁碎，加入松子仁，冬笋、香蕈、姜、葱，及百花酒、酱油等配料调味去腥。但此菜前提是不能把鸡皮弄破，一定要保持鸡皮完整。

鸡腿做好后先用油锅灼黄，也就是炸上色，起锅放在碗里，加入半斤百花酒、一大杯秋油、鸡油一铁勺，再加冬笋、香蕈、姜、葱等，将所剔下的鸡骨、鸡皮盖在表面，加一大碗水，放在蒸笼里蒸透，上桌时再去掉鸡皮、鸡骨食用。

鸡松制法讲究，鸡脯肉相合佐以松子，成菜如松果之形，蒸时以鸡油相衬更好入味，成品松酥味浓、色泽美观。

制作方法

主 料 嫩鸡1只约1250克

配 料 松子仁、冬笋、香菇、鸡蛋清

调 料 酱油、百花酒、冰糖、姜汁、生粉、麻油、鸡油

❶ 活母鸡宰杀收拾干净，剔下鸡胸和腿肉，鸡胸去皮斩成茸，鸡腿剔骨去筋略斩，不要伤了鸡皮。鸡蛋清加淀粉调糊待用。

❷ 将鸡腿肉面涂上蛋清糊，把鸡茸加调料，拌上松子调成馅，放在鸡腿肉面上，用刀略拍然后塌平。

❸ 锅上火烧热，放入鸡腿炸至金黄捞起，斩成块放入碗中，加酱油、百花酒、鸡汤、葱、姜等调料，加冬笋、香蕈、姜、葱，然后将剩下鸡骨、鸡皮盖面，再加上鸡油，上笼蒸至酥烂，去掉鸡骨杂物即可上桌食用。

菜品特点：

松酥味浓，色泽美观。

生炮鸡

原文 小雏鸡斩小方块，秋油、酒拌，临吃时拿起，放滚油内灼之，起锅又灼，连灼三回，盛起，用醋、酒、粉纤、葱花喷之。

袁枚讲："凡人请客，往往在三日之前约好，自然有工夫考虑准备。假如客人突然来访，急需吃点便饭，或作客在外，乘船住店在外这种情况，就必须预备一种应急菜式，如炒鸡片、炒肉丝、炒虾米豆腐及糟鱼、火腿之类的菜肴。这些菜很快就能端上桌，因为快反能讨巧者，厨者不可不知。"

生炮鸡就是个快菜。江南还有一种比这道菜还快的，鸡从取肉到做熟只需十几分钟，菜就能上桌了。您再看那鸡，愣没死还活着呢。此绝技古而有之，名叫"炒走地鸡"。笔者原来一直以为是传闻，结果在不久前的一次烹饪大赛上，还真看见有人表演展示这道菜。将鸡活的带毛把鸡脯扯下，去皮切片，上锅炒熟。菜上桌了，再看那只鸡，在一旁不停地惨叫着，鲜血淋漓地扑棱着翅膀乱跑。此菜并没得到好评，因为实在是太残暴了！像炒走地鸡、糖醋活鱼之类的暴力菜肴，我们不但不提倡，反而坚决抵制。

两百多年前，袁枚在《随园食单》的"戒单"（戒暴殄）中曾批道："暴者不恤人功，殄者不惜物力。假使暴殄而有益于饮食，犹之可也；暴殄而反累于饮食，又何苦为之？至于烈炭以炙活鹅之掌，刺刀以取生鸡之肝，皆君子所不为也。何也？物为人用，使之死可也，使之求死不得不可也。"

所谓"炮"就是爆炒。用小雏鸡斩成小方块，腌渍码味，先灼后炸，油必须要热。鸡块放入滚油中炸，最重要的是火猛油滚。这样肉质透而不焦，连炸三回后盛起，喷上醋、酒、葱花、粉芡调好的芡汁即可。此菜鸡肉鲜嫩，回味而又略带酸香。

制作方法

主料 小雏鸡一只 600 克

调料 酱油、绍酒、糖、陈醋、葱姜、生粉、素油

1. 小雏鸡收拾干净，剁去头爪，带骨斩成小块，放入容器中加酱油、酒拌匀待用。葱切豆瓣葱，姜切指甲片。
2. 取一小碗放入酱油、绍酒、糖、陈醋、葱、姜、生粉调成碗芡。
3. 锅中放油七八成热，将鸡块放入炸片刻捞出，如此反复炸三次捞出控净油。重起锅放少许麻油，将鸡块入锅烹入调好的芡汁，旺火翻炒均匀出锅装盘。

菜品特点：

鸡肉鲜美，外香里嫩，醋香浓郁。

鸡粥

原文 肥母鸡一只，用刀将两脯肉去皮细刮，或用刨刀亦可；只可刮刨，不可斩，斩之便不腻矣。再用余鸡熬汤下之。吃时加细米粉、火腿屑、松子肉，共敲碎放汤内。起锅时放葱、姜，浇鸡油，或去渣，或存渣滓，俱可。宜于老人。大概斩碎者去渣，刮刨者不去渣。

《随园食单》中有鸡粥一品。此鸡粥并非是流行上海地区的“鸡粥”，那种鸡粥就是用鸡汤原汁烧煮成的粳米粥。食用“鸡粥”时，将煮熟的鸡切成块儿装盘，鸡粥盛入碗内，加上葱、姜末和鸡油一同上桌。鸡粥黄中带绿，鸡肉色白光亮，令人赏心悦目。由于“鸡粥”的创始人章润牛兄妹，和主要的操作师傅均为绍兴人，故人们给它取名为“小绍兴鸡粥”。

随园鸡粥制法讲究、新奇脱俗。其制作方法为取一只肥母鸡，截取两边的胸脯肉，然后用刀细细刮出肉茸（注：用刨刀刮也可以）。制作此菜只可刮刨不可斩剁，因为斩剁出来的鸡肉，吃到嘴里是粒末，不是茸，口感不细腻。余下的鸡骨、鸡肉放水中煮成汤以后，去掉渣骨，把磨细的好大米同锅煮成糜粥，加些松子仁、火腿屑、葱姜末、鸡油等出锅即可。鸡粥味道浓郁、黏稠滑糯、沁人心脾、营养丰富。

受此鸡粥影响，南方名厨将鸡脯去皮斩细为茸，放置碗中加入作料，以蛋清、生粉、鸡汤调成糊，入锅中加油烹炒，然后加入辅料烩制，其名也叫“鸡粥”。如加入海参，便为“海参鸡粥”；加入鲍鱼，则为“鲍鱼鸡粥”。以此派生出来的各种鸡粥，皆各具特色。

制作方法

主　料 肥母鸡 1 只约 1500 克

配　料 火腿屑 30 克、松子肉 25 克、上等香米 150 克

调　料 盐、绍酒、葱花、姜末、鸡油

❶ 母鸡洗净剔下鸡胸，用刀刮成细茸放入容器，加酒、姜汁、盐调成稀糊状，剩下的鸡架、鸡骨熬煮鸡汤。

❷ 香米泡发后擀成米粉。

❸ 鸡汤入锅中烧沸，加入米粉熬熟，将调好的鸡茸到入搅匀，加调料找味，放松子肉、鸡油略煮，出锅盛入碗中撒上火腿屑、小葱花即可。

菜品特点：

鸡粥黏韧润滑、鲜香入味，鸡肉细嫩无渣，营养丰富。

藏八太爷萝卜鸡圆

原文 鸡圆：斩鸡脯子肉为圆，如酒杯大，鲜嫩如虾团。扬州藏八太爷家，制之最精。法用猪油、萝卜、纤粉揉成，不可放馅。

老年间很讲究“爷”这词，“爷”通常是一种尊称，跟辈分没什么关系。任何人都可称爷，无论是张爷、李爷，还是赵爷、白爷，拉脚的叫“板儿爷”，有钱的叫“款爷”，能说会道、满嘴跑火车的叫“侃爷”，做小买卖的个体户曾经叫做“倒爷”，过年领着孩子逛庙会给买个泥塑的玩具叫“兔儿爷”，倒退200多年，京城里还坐着个“乾隆爷”，甚至夏天打赤膊的都叫“膀爷”。

“太爷”这个词，是过去老百姓对于官员的一种称谓，如“县太爷”。江苏人周桂生，清末曾任广东新会知县。辛亥革命推翻了清王朝，也结束了他的官吏生涯。他举家迁到广州百灵路定居，后因生活困迫，便在街边摆摊专营熟肉制品。他凭做官时吃遍吴粤名肴之经验，巧妙兼取江苏的薰法和广东的卤法之长，制成了既有江苏特色，又有广东风味的鸡菜，当时被称之为“广东意鸡”。后来人们才知道制鸡者原是一位县太爷，因而将其更名为“太爷鸡”。

扬州藏知县在家行八，袁枚称他藏八太爷，就是前面所说的意思。藏家鸡圆用鸡脯、猪油、萝卜、芡粉、鸡蛋，揉成如酒杯大小的鲜嫩鸡圆，袁枚品尝以后大加赞赏。

制作方法

主料 鸡胸肉200克

配料 白萝卜、猪油、鸡蛋

调料 盐、绍酒、葱、姜汁、生粉、鸡汤

1. 将生鸡脯肉去筋，斩成细泥，放入容器中，加盐、姜汁、鸡蛋、生粉调糊状待用。
2. 萝卜去皮切细丝，用水略焯去掉异味，沥干水分拌入鸡糊中，然后再加入猪油。
3. 将锅置火上放入鸡汤，用手把鸡糊挤成酒杯大小的丸子，烧沸后改用微火养透即成。

菜品特点：

洁白鲜嫩，滑爽利口。

梨炒鸡

原文 取雏鸡胸肉切片，先用猪油三两熬熟，炒三四次，加麻油一瓢，纤粉、盐花、姜汁、花椒末各一茶匙，再加雪梨薄片、香蕈小块，炒三四次起锅，盛五寸盘。

以梨入菜古而有之，二月河小说《雍正王朝》里，就有康熙皇帝在扬州吃田家炸鸡、施胖子梨丝炒肉的情景，称其风味皆臻绝胜。

梨炒鸡所用之梨以雪梨为佳。雪花梨产河北赵县，故称“赵州雪花梨”。早在北魏时就已经作为宫廷贡品，至今已有2000多年的栽培历史。雪花梨因其果肉洁白如玉、似霜如雪，其更有“大如拳，甜如蜜，脆如菱”之说，因此而得名。其果实以个大、体圆、皮薄、肉厚、汁多、味道香甜而著称，被誉为“中华名果”。

明李时珍在《本草纲目》中曾有如下记述：“雪花梨性甘寒、微酸，具有清心润肺、利便、止痛消疫、切片贴烫火伤、止痛不烂等功能。”因此，雪花梨被誉为“天下第一梨”。

梨炒鸡片以梨佐鸡成菜，新颖独特。梨用雪梨，要临做时再切，否则会变色。取雏鸡胸肉切片，要求快进快出，以保持鸡肉鲜嫩、梨片清脆，用猪油快炒三四次，加麻油一瓢，芡粉、盐花、姜汁、花椒末各一茶匙，再加雪梨薄片、香蕈小块，炒三四次起锅，最后放花椒面，食之令人回味。此菜量不能大，以盛五寸盘为宜。这是一道最适合干燥的秋季时令菜，现在杭州酒店仍然有售。

制作方法

主 料 生鸡脯350克

配 料 雪梨150克、香菇二只、鸡蛋清

调 料 盐、绍酒、姜汁、生粉、花椒面、素油、麻油

① 鸡胸去皮、去筋切薄片，放入容器加盐、鸡蛋清、生粉上浆，香菇切片，梨去皮、核，切片泡水，防止氧化变色。

② 炒锅上火加油三成热，将鸡片入锅炒散，倒出控净油，另起锅加麻油倒入梨片、香菇片、鸡片，加入盐、绍酒、姜汁等调料，旺火速炒，最后放花椒面，起锅装盘即可。

菜品特点：

颜色洁白、味道鲜嫩，具有甜、香、咸、麻、脆之口感。

假野鸡卷

原文 将脯子斩碎，用鸡子一个，调清酱郁之，将网油画碎，分包小包，油里炮透，再加清酱、酒作料，香蕈、木耳起锅，加糖一撮。

袁枚受请赴宴，席间有一道“假野鸡卷”引起了在场众人的注意。据主人介绍说，这道菜乃是明末黄谏遗留下来的。黄谏系兰州人，曾任翰林院侍读学士，著有《经书集解》和《兰坡集》，是明代陇上知名的学者。

黄谏曾有一妾名为胡氏，其才貌出众并擅长烹饪，深得黄谏宠爱及近邻称赞，坊间皆呼其为“胡姐姐”。不幸胡氏早殁，黄谏昼夜思念，有一天梦见胡氏亲手做了一道“野鸡卷”，一时间味香扑鼻，惊醒了黄谏南柯一梦。黄谏于是急忙命家厨，按照梦中所述将野鸡烹制。果然外酥里嫩、风味特别。后来流传到民间，取名“炸野鸡卷”。

然而野鸡并不是那么可以轻易得到的，所以这是一道典型的仿真菜。这道菜是将一只普通柴鸡的鸡脯肉斩碎，加入一个鸡蛋搅拌均匀，以酱油腌郁入味，再将网油切成小块，包入鸡肉馅放在油里炮透，再用酱油、酒等作料，加香蕈、木耳等配料煨一下起锅。

此菜虽有野鸡之名，而无野鸡之实，故名“假野鸡卷”。袁枚将此菜，收录进了《随园食单》“羽族单”中的野鸡五法。乾隆南巡，江南各地纷纷征集名菜进献，此菜有幸被收录，传入宫廷大内菜谱之中，从乾隆皇帝开始，供清朝历代帝王享用。此菜刀工细腻、加工讲究，调味和谐、火候精到，入口酥脆、焦香味美、肥而不腻，宜佐茶酒。

制作方法

主料 鸡脯

配料 网油、鸡蛋

调料 酱油、绍酒、香菇、木耳、糖、油

1. 将鸡脯斩碎，加入鸡蛋、酱油码好。
2. 网油划成块包鸡肉馅成卷，入温油中炸透。
3. 另起锅加底油，煸香葱、姜，烹入酒，加酱油、水，放入鸡卷、香菇、木耳略烧，出锅时加糖收汁提鲜。

菜品特点：

色泽金黄，外酥里嫩，味道鲜美，风味独特。

黄芽菜炒鸡

原文 将鸡切块，起油锅生炒透，酒滚二三十次，加秋油后滚二三十次，下水滚，将菜切块，俟鸡有七分熟，将菜下锅；再滚三分，加糖、葱、大料。其菜要另滚熟搀用。每一只用油四两。

白菜大家都知道，黄芽菜可能有点陌生了。其实黄芽菜是大白菜的一种，黄芽菜也叫黄芽白，古时称为“菘”。《本草拾遗》中叫做“黄矮菜”，在《植物学大辞典》上称为“黄芽菜”。黄芽菜这个名称南北通用，北方人又称之为天津白菜。南方叫绍菜，日本人认为黄芽菜是中国园蔬中最佳品种，所以把它叫做唐菜或胶菜。

黄芽菜北方用大棚种植，在南方秋季栽培，露地越冬元旦至春节上市，其菜心颜色浅黄犹如嫩芽。相比起大白菜，首先黄芽菜的外形美观：白皮包心、顶叶对抱、包心坚实。其次，黄芽菜品质优良，叶质柔嫩、口感清鲜。煮则汤若奶汁，炒则嫩脆鲜美，生食熟食都适宜，用来涮火锅最棒，且耐贮藏，为冬令常备蔬菜。

黄芽菜炒鸡，取小笋鸡带骨用油炒透，加酒、酱油炖至七成熟，再加菜同炒。这种烹制方法属于普通的农家菜，其滋味香浓无比。白菜与各种荤、素之物同烹，都是很好的配搭。炒鸡数山东最棒。山东菏泽有道“白菜蒸鸡”的做法，与此菜有异曲同工之妙。说是蒸鸡，其实是炖鸡！此菜选黑爪笨鸡，因此鸡胶性大、味道鲜。其制作方法简单，就是把整只鸡放到大锅里煮，加上八角、葱、姜、酱油、盐、油，等开了锅，将鸡炖熟了以后放大白菜。白菜不能用刀切，要用手撕。白菜入锅后千万别翻动，炖个十分钟左右就可以停火。开锅后晾凉，将鸡去骨撕成条，放少许香油拌匀。菜凉了会自然凝结成冻，这道菜凉着吃更有味道。如果到锅里温热了吃，反而失去了应有的风味。

制作方法

主料 仔鸡

配料 黄芽菜

调料 糖、葱、酱油、大葱、大料、蒜、甜酱

1. 把鸡斩成小块，大小三厘米左右，用水洗净。
2. 锅中放油，生鸡下锅炒透变色，加入大葱、大料、蒜、甜酱炒匀，加糖、葱、大料，放绍酒煮开二三十次，加酱油和适量清水再滚二三十次，炖煮到七成熟。
3. 另起炒锅放入花生油，将黄芽菜炒熟放入炒鸡，锅内再炖煮成熟即可。

菜品特点：

鸡鲜味美，爽口香醇，有嚼劲。

栗子炒鸡

原文 鸡斩块，用菜油二两炮，加酒一饭碗，秋油一小杯，水一饭碗，煨七分熟；先将栗子煮熟，同笋下之，再煨三分起锅，下糖一撮。

栗子鸡一直是道名菜，其配料有很多种。北方大多是以枣和栗子相配取早立子谐音，此菜用于喜庆婚宴是再合适不过了。南方栗子与笋配搭，鲜嫩的仔鸡融入甜香的栗子、鲜笋的清香，那是真正的相得益彰。

栗子鸡可烧、可煨、可焖、可炒，具体制法视鸡之老嫩而定。《随园食单》中记述的为炒制，所以必须用小嫩鸡切块，先炒后焖而成。炒鸡要想好吃，有两个秘诀：一是提前腌味，先将鸡肉用香料、盐、葱姜、绍酒腌渍入味，然后烹调。香料的芳香物质在盐的渗透作用下，渗入鸡肉内部，炒鸡制作好以后，香气溢逸，令人垂涎。二是精确掌握烹调时间，找到口味与口感，在加热过程中的时间最佳结合点，使二者兼顾。

炒鸡的关键一定要把鸡肉煸透，使鸡肉表皮收缩。因为鸡肉表层瞬间接受高温，表层蛋白质就会立即凝固，因而锁住鸡肉的营养。加汤的量也很重要，汤的多少直接会影响到炒鸡的质量，过多则稀释鸡肉的味道，使鸡肉香鲜不足；过少则炒鸡易糊，或须二次加汤，这都会影响到炒鸡的口味。炒鸡加汤量应视鸡肉量和鸡的老嫩度而定，汤一定要一次加足，绝不能加第二次。

最后出锅前放糖收汁，这是为了提高炒鸡的色度与亮度，增加炒鸡的复合的香味。添加过少其作用打折扣，过多则甜味又太大。

制作方法

主料 小嫩鸡一只

配料 板栗、鲜笋

调料 糖、酱油、料酒、菜油

1. 鸡带骨剁成块，板栗切口煮熟去皮，笋切小块，葱姜切碎。
2. 锅中放菜油二两，将鸡下锅炒去水分，加绍酒一饭碗，秋油一小杯，水一饭碗，煨七分熟时放入煮好的栗子和笋块，焖煨成熟。
3. 起锅时下糖，大火把汁收浓即可。

菜品特点：

金黄油亮，鸡嫩栗香，甜咸味美。

灼八块

原文 嫩鸡一只，斩八块，滚油炮透，去油，加清酱一杯、酒半斤，煨熟便起，不用水，用武火。

“灼八块”又名“断机杼”，取自《三字经》中“昔孟母，择邻处。子不学，断机杼”的典故。想当初孟母为了教育孟子勤学，曾三迁住所，并以断机教子的方式，使孟子成为古代的一大圣贤。此菜就是为纪念这位伟大的母亲，而专门研发制作的。这道菜一直流传很广，颇受食客的喜爱。

“灼”就是“炸”的意思，“灼八块”在江苏、山东、北京都有，但是制作方法不同。北京的做法是取嫩鸡收拾干净，去掉脖颈、翅尖和鸡尖，然后从中间骨缝将鸡剁开，断掉鸡的脊柱，然后拆解为两翼和两腿，胸部和脊部各斩为二，共分为“八块”。再分别将“八块”用刀背一一砸遍，使其皮肉松弛、骨骼断开。改刀后的“八块”置容器内，加入生抽、料酒、姜汁和葱油拌匀，腌制两个小时。腌渍后的“八块”挂蛋糊，炒锅放油于旺火上烧至三成热时，将挂糊的“八块”下入油中，随即用手勺轻轻拨动，使其受热均匀。炸至鸡肉断生即可捞出，按鸡的原型摆放在盘中，配五香椒盐上桌。

南方的做法则是先炸后煨。不管如何做，鸡的选择是非常重要的。要选春天孵出的小公鸡，养到两个多月时拿来做“灼八块”，所以这道菜又叫“炸春鸡”。

“灼八块”不光在民间著名，同时也是清宫御膳。据《江南节次照常膳底档》中记载，乾隆三十年正月十八日，皇帝从宫中启銮驾至涿州，下午五点上灯楼看烟花盒子后，回行宫进夜膳的膳单上，就有“炼八件鸡”。“炼”同“炸”，“八件”即是“八块”。

制作方法

主料 嫩鸡一只

调料 酱油、绍酒、葱、姜、香料

1. 把嫩鸡一只斩剁成八块，用滚热的油炸透。
2. 锅中留底油，加一杯酱油和半斤酒、葱、姜、香料，小火煨熟后起锅摆盘。

菜品特点：

色泽金黄，外脆里嫩，鲜香诱人。

珍珠团

原文 熟鸡脯子，切黄豆大块，清酱、酒拌匀，用干面滚满，入锅炒。炒用素油。

乾嘉时期的大家朱彝尊先生曾说过："凡试庖人手段，不须珍异也。一肉、一菜、一腐，庖人抱蕴立见矣。盖三者极平易，极难出色也。"《随园食单》中不乏珍贵食材做成的菜，但更多的是利用普通食材做成。寻常瓜菜，在大师的手下皆能让舌头产生惊艳。平淡出新奇、朴实显味美，不是越贵的菜就越难做，用平常原料做菜才是最难的。有道是："画鬼易，画狗难"。鬼没人见过，根据个人想象随笔即成。但狗是人人见，像不像一看便知。鸡肉也是如此，要做到出色好吃也是很难的。越是简单的菜就越是难做，粗菜细作、细菜精做是随园素菜的特点。古今中外文人雅士，可以说尽具审美能力，其品味独到，尤其是在美食方面，绝容不得半点马虎。真正的好厨师能将一蔬一菜的精华发挥到极致，即便不是山珍海味，却能做出让人难以忘怀的味道，这就要全靠厨师的手艺和功夫。"珍珠团"这道菜的制法精致，菜名也很优雅，未上席就已让人食指大动了。

此菜制法简单，便于操作，将熟鸡脯子切成黄豆大小，清酱、酒拌匀，用干面滚满，入锅中一炸即可。所用清酱实际上就是酱油。此外，古代酱油还有其他名称，如：豆酱清、酱汁、酱料、豉油、豉汁、淋油、柚油、晒油、座油、伏油、秋油、母油、套油、双套油等。汉崔实的《四民月令》说："正月可作诸酱。至六七月之交，可以做清酱。"

制作方法

主料 鸡胸肉 2 块

调料 酱油、绍酒、白面、素油

1. 将鸡脯肉放锅中加葱、姜煮熟，凉后切黄豆大小的块。
2. 用酱油、绍酒拌匀，滚上干面粉，用素油炸至金黄色即可捞出。

菜品特点：

色泽金黄，粗菜细做。

卤煮仔鸡

原文 囫囵鸡一只，肚内塞葱三十条，茴香二钱，用酒一斤，秋油一小杯半，先滚一枝香，加水一斤，脂油二两，一齐同煨；待鸡熟，取出脂油。水要用熟水，收浓卤一饭碗，才取起；或拆碎，或薄刀片之，仍以原卤拌食。

此卤鸡的制作方法，并非凉菜中的卤制法，而是一种热菜。此卤鸡以整鸡一只，加香料、酒、酱油，还要加脂油一起煨煮。脂油即猪板油，加脂油是为了使鸡肉肥美。鸡熟后拆碎，改刀浇上原卤食用，此菜很像“苏造肉”的制作工艺。

乾隆四十五年，乾隆皇帝巡视南方，曾下榻于扬州安澜园陈元龙家中。陈府家厨张东官烹制的菜肴，很受乾隆皇帝喜爱。后张东官随乾隆入宫，他深知乾隆喜爱厚味之物，就用五花肉加丁香、官桂、甘草、砂仁、桂皮、蔻仁、肉桂等九味香料，烹制出一道肉菜供膳。这九味香料按照春、夏、秋、冬四季的节气不同，用不同的数量配制。因张东官是苏州人，以这种配制的香料煮成的肉汤，所以就称“苏造汤”，其肉就称“苏造肉”。苏造之法即为卤，后来传入民间，加入用面粉烙成的火烧，以及猪大肠、肺头、炸豆腐等同煮，百姓呼之为“卤煮火烧”。

卤鸡时大多会用到香料，但香料多了鸡未必香，要适可而止。使用香料有两个原则，首先任何配方同中医的药方一样，都有君、臣、佐、使，以及主次之分。即必有几样香料起主要作用，其用量较大，被称之为“君”；其他几样起辅助作用，用量较小，被称之为“臣”。其次不同的食材，所偏爱的香料也不同，搭配时要考虑到香料与食材原料是否相和。

制作方法

主 料 仔鸡 1 只

配 料 香葱 30 根

调 料 茴香、绍酒、酱油、脂油

❶ 仔鸡洗净，肚内塞香葱 30 条，放锅中加绍酒 1 斤、酱油一杯半，用小火先煮 40 分钟。

❷ 再加水 1 斤，脂油二两煮沸，改小火煨到鸡熟时，取出脂油，大火将汁收浓至一小碗时，取出鸡拆碎或改刀成片浇上原卤食用。

菜品特点：

香味浓郁，咸淡适口，酥香软烂。

蒋御史鸡

原文 童子鸡一只，用盐四钱、酱油一匙、老酒半茶杯、姜三大片，放砂锅内，隔水蒸烂，去骨，不用水，蒋御史家法也。

蒋御史名士铨、字心馀、苕生，号藏园，又号清容居士，晚号定甫，江西铅山人，生于清雍正三年。蒋士铨自幼家境清寒，父母却知书识礼，使他从小就受到良好的家庭教育。乾隆九年九月，蒋士铨二十二岁中举，乾隆二十二年中进士，官拜翰林院编修。蒋士铨从二十三岁开始北上求仕，却并非一帆风顺。他先后三次进京赴考，都未能金榜高中；直到他三十三岁时才得中进士，乾隆二十九年毅然辞官南归。

蒋士铨辞归后，并没有返回江西老家，而是到了虎踞龙蟠的金陵，因他所敬仰的诗人袁枚住在金陵。蒋士铨在南京与袁枚相聚的日子并没有持续多久，乾隆三十一年他应浙江巡抚熊廉村之聘，主持蕺山、崇文、安定三个书院的讲席。乾隆四十二年，乾隆皇帝南巡，称蒋为“江右名士”。乾隆五十年病逝于南昌藏园，享年 61 岁。

蒋士铨精通戏曲及诗古文，与袁枚、赵翼合称江右三大家。因曾任翰林院编修即用御史，故袁枚尊称其为蒋御史。当年蒋府的一道名菜——蒋御史鸡，即用童子鸡一只、盐一钱、清酱一匙、老酒半杯、姜三大片放入砂锅内隔水蒸烂。此法与干蒸肉的制作方法相同，不加水只放酒、酱油调味。讲究用桃花纸封口，而不使其跑味。俟上桌开封，童子鸡酥烂入味、芳香四溢。

制作方法

主料 童子鸡 1 只

调料 盐、酱油、绍兴酒、姜三大片

1. 将童子鸡洗净，放入容器中，加盐四钱、酱油一匙、老酒半茶杯、姜三大片，不加水，封好盖。
2. 放入蒸锅，隔水蒸烂，至肉离骨时即可上桌食用。

菜品特点：

酥烂入味，芳香四溢。

唐鸡

原文 鸡一只，或二斤，或三斤，如用二斤者，用酒一饭碗，水三饭碗；用三斤者，酌添。先将鸡切块，用菜油二两，候滚滚以熟，爆鸡要透。先用酒滚一二十滚，再下水约二、三百滚，用秋油一酒杯，起锅时加白糖一钱，唐静涵家法也。

袁枚每次到苏州，必住在曹家巷唐静涵家。唐静涵其人豪气，由于与袁枚走动密切，连两家妻女都不回避，袁枚也不拿自己当外人，就像到了自家一般随便。唐静涵曾有诗句云："苔痕深院雨，人影小窗灯。"唐静涵的夫人王氏美丽而贤慧，每次听说袁枚到来，必亲自下厨烹饪。袁枚很欣赏这位唐夫人的手艺，将唐家炒鳇鱼片、青盐甲鱼等许多菜肴都收录到了《随园食单》中。后唐夫人去世，袁枚特撰挽联一副："落叶添薪，心伤元相贫时妇；为谁截发，肠断陶家座上宾。"

唐静涵在苏州富甲一方，和袁枚关系极为密切。乾隆十三年袁枚来唐府，见婢女方聪娘皮肤白嫩，如一轮明月般照人。袁枚只觉眼前一亮，顿觉满室生辉，不禁万分爱怜。方聪娘亦敬慕袁枚之才，唐静涵见此情景，将方聪娘慷慨相赠。袁枚大喜纳之为妾，并作诗《寄聪娘》六首，其中就有"一枝花对足风流，何事人间万户侯"一句。感叹如果拥有了像方聪娘这样如花似玉般的美人，也就心满意足了，何必去远方追求功名富贵呢？

袁枚抱得美人归，唐静涵设宴祝贺。席间有一道菜，是由唐夫人亲手制作的炖鸡，让袁枚称赞不已，并命名为"唐鸡"。

制作方法

主料 嫩鸡一只

调料 绍酒、酱油、菜油、白糖

1. 鸡收拾好剁块洗净，沥干水分。
2. 锅中放菜油待五成热时，下鸡块煸炒十分钟，把水分煸干煸透。
3. 锅留底油，下花椒、葱、蒜、姜、酱煸香，放鸡块炒匀，先烹入酒一饭碗烧二分钟，在放水三饭碗煮20分钟。鸡成熟后，加酱油一杯、白糖找色找味，收汁起锅。

菜品特点：

火候足、滋味透、肉入味，软嫩滑爽，味美可口。

鸡血羹

原文 取鸡血为条，加鸡汤、酱、醋、索粉作羹，宜于老人。

《随园食单》中的这道鸡血羹，与金陵鸭血粉丝汤异曲同工。鸡血为雉科动物家鸡的血，《本草纲目》云：咸，平，无毒。鸡血入心、肝二经。鸡冠血入肝、肺、肾三经。治心血枯，肝火旺，利关节，通经络。有补中益肾，利水通经，活血通络之功。

说起鸡血治病，不由得使笔者想起上个世纪六七十年代，全国曾流行过一种鸡血疗法，也称之为“打鸡血治百病”，简称“打鸡血”。当时据说这种方法能治多种慢性病，对高血压、偏瘫、不孕症、牛皮癣、脚气、脱肛、痔疮、咳嗽、感冒等都有治疗和预防的作用。

当时包括那些著名的大医院在内，全国各地的街道诊所、县乡医院，到处都专门设立一个科室打鸡血。有太多的国人，三天两头的手里拎一只鸡，排大队打鸡血注射。使得打鸡血在全国大规模泛滥，成为当时社会的一种“时尚”。

据打过鸡血的人说，注射鸡血以后有进补的感觉，浑身燥热、面色发红、精神亢奋。如果我们站在科学的角度来判断，当年国人的这种行为，实在是愚昧无知！直到现在，“打鸡血”已成为讽刺一个人突然情绪亢奋，上窜下跳的形容词。

虽然当年打鸡血愚蠢，但是作为食材，鸡血是一种非常不错的原材料。

制作方法

主料 鸡血 100 克

配料 细粉条

调料 酱油、醋、盐、生粉

1. 将鸡血在开水中氽一下，切成条。
2. 细粉条用冷水泡发，煎成小段待用。
3. 取鸡汤加盐调味，放入细粉条，鸡血条煮沸勾芡，放酱油、醋搅匀盛入碗中即可。

菜品特点：

鸡血软嫩，营养丰富。

煨鸡肾、鸽蛋

原文 取鸡肾三十个，煮微熟，去皮，用鸡汤加作料炒煨之。鲜嫩绝伦。煨鸽蛋法，与煨鸡肾同。或煎食亦可，加微醋亦可。

鸡肾实为公鸡的“睾丸”，俗称“鸡腰子”，也叫公鸡蛋。大小如板栗，其形状如卵巢，略小于鸽蛋。其颜色乳白、质地细嫩，里面含有大量脂肪，非常柔软类似于豆腐。其性味甘平，风干火焙入药，可治：耳聋耳鸣、头晕眼花、咽干盗汗、肾亏遗精等症。鸡肾外有筋膜包裹，须煮后剥去才行。其制法如：烩奶汤鸡腰、烩鸡腰豌豆等。民间认为吃啥补啥、像啥补啥。鸡肾滋阴壮阳，从古至今都将鸡肾视为滋补珍品。

鸽蛋味甘性平，具有补肝肾、益精气、滋润肌肤等作用，其富含大量的蛋白质，并且营养丰富。《本草适原》中说“久患虚羸者，食之有益。”如有贫血、月经不调、气血不足的女性，常吃鸽蛋会有很好的效果。鸽蛋作为高档筵席常用之物，曾见于清宫御膳，清宫御膳房《膳底档》记载有“云片鸽蛋一品”。

鸽蛋比较珍贵，一对鸽子 1 个月只产 1 次蛋，而且每次只产两枚。物以稀为贵，自然价值不菲了。市面上一个鸽子蛋的价格可以买 1.5 斤鸡蛋。

鸽子蛋有多种制法，煨鸽蛋法与煨鸡肾同。《随园食单》曾记载煨鸽蛋之法：“煨鸽蛋：法如煨鸡肾同，或煎食亦可，加微醋亦可。”煨鸡肾与煨鸽蛋二菜合之同入鸡汤，加调料慢慢轻煨令其入味，二者相衬相得益彰，且鲜嫩绝伦，食之对身体有大补之功效。

制作方法

主料 鸡肾 30 个

配料 鸽蛋 10 个

调料 鸡汤、绍酒、盐、姜汁、胡椒粉、生粉

1. 鸡肾煮到微熟，轻轻剥去皮膜，鸽蛋煮熟后去皮待用。
2. 锅中放鸡汤加入料酒、姜汁、盐、胡椒粉等调料，放入鸡肾、鸽蛋煨煮，入味后勾芡盛出，外带一碟醋上桌。

菜品特点：

补肾益精、滋阴壮阳，鸡肾鲜嫩绝伦，鸽蛋营养丰富。

黄雀蒸蛋

原文 鸡蛋去壳放碗中，将竹箸打一千回蒸之，绝嫩。凡蛋一煮而老，一千煮而反嫩。加茶叶煮者，以两炷香为度。蛋一百，用盐一两；五十，用盐五钱。加酱煨亦可。其他则或煎或炒俱可。斩碎黄雀蒸之，亦佳。

袁枚在《随园诗话补遗》中记载有一个故事："人馈得心大师鸡子四十，师大吞咽，人笑之。师偈云：'混沌乾坤一口包，也无皮血也无毛；老僧带尔西天去，免在人间受一刀。'"通常人们会以为这和尚吃鸡蛋，不是破戒了吗？其实不然，这是世人不了解佛法的奥妙。这个故事原本来自于佛教禅宗的一桩公案，这位得心大师能借此将鸡蛋吞掉，从而达到使其神识得度的目的！此种修为非一般常人可比。就如同有很多人时常把济公活佛的一句名言挂在嘴边："酒肉穿肠过，佛祖心中留。"岂不知这只是济公活佛的修行境界，不是普通人的世间妄念。更何况济公活佛在这句话的后面，还有半句呢？那就是"学我者死！"

鸡蛋有个特性，一煮就老。但是如果不停地慢慢煮，鸡蛋反而嫩了。所以在南方有很多店铺门口，都放一锅茶叶蛋慢慢煨炖，又入味又鲜嫩。煮茶叶蛋说起来很简单，但要煮得清香入味，那可就得下点功夫了。

鸡蛋虽然平常，却可以烹制许多名菜。清人朱彝尊的食谱《食宪鸿秘》中有一道"肉幢蛋"，这道菜很别致。捡小鸡蛋煮半熟，在鸡蛋顶部打一小孔，将蛋黄倒出，然后再填进碎肉和调味料，等到蒸熟以后，其味道不可言喻。后人也把这款菜叫做"夺胎蛋"。

制作方法

主料 鸡蛋 5 个

配料 黄雀 1 只

调料 盐

1. 黄雀取肉切碎。
2. 鸡蛋打碎入碗中反复搅打，加入等量的水，加少许盐搅拌均匀，用小火蒸熟即可。

菜品特点：

色泽乳黄，松软滑嫩，清香滑口，老少均宜。

酱瓜野鸡丁

原文 野鸡五法：野鸡披胸肉，清酱郁过，以网油包放铁奁上烧之。作方片可，作卷子亦可。此一法也。切片加作料炒，一法也。取胸肉作丁，一法也。当家鸡整煨，一法也。先用油灼拆丝，加酒、秋油、醋，同芹菜冷拌，一法也。生片其肉，入火锅中，登时便吃，亦一法也。其弊在肉嫩则味不入，味入则肉又老。

野鸡又名雉鸡、锦鸡、山鸡等，集肉用、观赏和药用于一身。野鸡是名贵的野味珍禽，向来为历代皇家贡品。《随园食单》之“羽族单”，载有野鸡五种制法，酱瓜野鸡丁又叫“野鸡瓜齑”。于是有人会问，此菜不是红楼曹雪芹家的吗？对喽，您可别忘了随园当年就是曹府的大观园呀？曹家的红楼菜中，有很多都是金陵菜呀。

野鸡味鲜最值得吊汤，取鸡肉炒食、鸡骨煮汤，一举两得。野鸡肉少，需要配些辅料。“齑”，单字面的意思就是捣碎的姜、蒜末儿，也可理解为小碎渣儿。“野鸡瓜齑”按《随园食单》中“配搭须知”所记，须“丁配丁、片配片，清者配清，浓者配浓，柔者配柔，刚者配刚，方有和合之妙。”一只野鸡其胸脯肉本来不多，所以应切成小碎渣儿一样的肉丁才对。《调鼎集》里载有具体制法：“去皮骨切丁，配酱瓜、冬笋、瓜仁、生姜各丁，菜油、甜酱，或加大椒炒之。”

炒此菜注意酱瓜比较咸，一定要多用清水洗几次，然后多泡一会儿。野鸡胸肉切小丁，不用腌制直接煸炒，冬笋、生姜切小丁放入，配上瓜子仁，然后加入甜面酱、盐、白糖、料酒，最后加水炒熟。此菜凉吃、热吃均可，建议最好凉吃。下酒、下粥、下饭均可，口味非常有特色。

制作方法

主料 野鸡 1 只

配料 酱瓜、酱姜、香菇、笋

调料 酱油、绍酒、糖、葱、生粉

1. 野鸡宰杀后取肉切丁，用酱油、绍酒、淀粉拌匀。
2. 酱瓜泡去盐分切丁，酱姜泡后切末。
3. 锅中上火将鸡丁略炒倒出，放麻油爆香葱、姜，下鸡丁、酱瓜丁、香菇、笋丁炒匀，放酱油、绍酒、糖、盐，炒至干香即可出锅。

菜品特点：

咸鲜合一、酱香浓郁，就粥下饭，脆嫩爽口。

包道台雪梨野鸭片

原文 野鸭切厚片，秋油郁过，用两片雪梨，夹住炮炒之。苏州包道台家，制法最精，今失传矣。用蒸家鸭法蒸之，亦可。

道台是清代官名，相当于现在地级市的正职，属正厅级。根据清代的官阶制度，清朝的地方行政机构一般可分为省、府（州、厅）、县三级，道员（道台）是省（巡抚、总督）与府（知府）之间的地方长官。清初的道员官阶不定，乾隆十八年道员一律定为正四品，袁枚曾任江宁知府，属正四品。

话说包道台与袁枚私交甚厚，袁枚前往苏州，包道台设盛宴款待。席间有一道“雪梨野鸭片”颇具特色，可惜袁枚没好意思问得到制作方法。回家以后，袁枚根据回忆将这道菜记录了下来。此菜以野鸭脯切厚片，用秋油（注：即是酱油）郁一下，然后用两片雪梨夹住，以炮法烹制。炮法即为烧法，《诗经·小雅·瓠叶》中有这样的记载：“有兔斯首，炮之燔之”。东汉郑玄注解：“炮者，以涂烧之为名也”。宋代以后炮法得到了发展。爆炒也可称炮，如《随园食单》中记录的“生炮鸡”即是使用的此种方法。所谓炮炒法，就是以猛火快速不停地炒。那么问题来了，雪梨多汁如何炮炒呢？遗憾的是，《随园食单》只记录了此菜的名字，而具体的制作方法则早已失传。

上个世纪，南京的薛文龙大师，以几十年积累下的烹饪经验，参透并破解了此法，经过不断地挖掘、模仿，终于使此菜得以重生。

为了解决雪梨多汁的技术难点，薛老采用挂糊之法。梨夹住鸭片用脆糊挂之，入油锅中先炸后烹炒。其制法精致、脆嫩香甜；其味适口，食者莫不称赞为之一绝。

制作方法

主料 野鸭一只 750 克

配料 雪梨

调料 鸡蛋、酱油、绍酒、姜汁、葱、生粉

1. 将野鸭宰杀洗净，取鸭胸肉切厚片，放容器内加酱油、绍酒腌渍，鸡蛋清加淀粉调成蛋清糊待用。
2. 雪梨去核切片，然后两片梨一片肉夹好，将绍酒、姜汁、盐、香油、少许水调成滋汁。
3. 锅上火放油烧五成热，将雪梨夹沾蛋清糊下锅炸透捞出，沥去油倒入锅中，烹入调好的滋汁，以旺火炒匀即可。

菜品特点：

制法精致，脆嫩香甜。

鸭糊涂

原文　用肥鸭，白煮八分熟，冷定去骨，拆成天然不方不圆之块，下原汤内煨，加盐三钱、酒半斤，捶碎山药，同下锅作纤，临煨烂时，再加姜末、香蕈、葱花。如要浓汤，加放粉纤。以芋代山药亦妙。

“糊涂”是山东、河南以及江苏苏北一带的传统面食，它是用玉米面或地瓜面加水煮成的汤羹类食物。鲁西南地区的人们喜欢用小麦面、玉米面、地瓜面或各种豆面，加入地瓜、南瓜等熬出的一种面糊，取名叫“面糊涂”。这种吃食共有稀、稠两种，且有咸、甜之分。其风味独特，因质地软爽、五味杂陈，是民间的一道养生素食。

在李斗的《扬州画舫录》中记载有一道菜，名为“刀鱼糊涂”。刀鱼因肉质细嫩、鱼刺柔软，做成“糊涂”鲜嫩依旧，且无骨刺之忧，因而备受当时达官贵人的喜爱。

据传“鸭糊涂”之名与郑板桥有关，袁枚与郑板桥在参加卢见曾主持的“虹桥修禊”时，互以诗句赠答成为忘年之交。

袁枚晚年整理《随园食单》，想起郑板桥曾提到过一种似羹非羹、似菜非菜的鸭肴。这道菜是用肥鸭白煮八成熟，冷却去骨，拆成天然块下原汤内煨煮，加盐三钱、酒半斤，把山药捶碎，薏米下锅作芡，临煨烂时再加姜末、葱花即可。

郑板桥与袁枚对此颇为喜爱，常令家厨煮“鸭糊涂”食用。此美食荤素搭配、至味养人。由此也可以看出，二位名士早已参透人生，糊涂难，聪明亦难，由聪明转入糊涂则更难。为人当须难得糊涂呀。

制作方法

主料　肥鸭 1 只

配料　山药 500 克

调料　姜、香菇、葱、绍酒、盐

1. 鸭子煮到八成熟，冷却后去骨，拆成天然随形块，把山药去皮捶碎，薏米泡发。
2. 鸭肉下原汤内，上火加入薏米、山药、绍酒、盐煮到汤汁发黏。
3. 待鸭肉、山药煨烂时，加入姜末、香菇末、葱花，如汤汁不浓可放些芡粉使其浓稠。

菜品特点：

鸭肉滋阴，荤素搭配，鲜美滑爽，软嫩回味。

何星举干蒸鸭

原文 杭州商人何星举家干蒸鸭。将肥鸭一只，洗净斩八块，加甜酒、秋油，淹满鸭面，放磁罐中封好，置干锅中蒸之；用文炭火，不用水，临上时，其精肉皆烂如泥。以线香二枝为度。

袁枚出生于杭州，虽中年迁居南京，但杭州终归是袁枚的故乡，每次回杭州必要大快朵颐一番。杭州的风韵与美味，挥之不去，忘却不掉，不仅停留在袁枚的记忆中，也停留在他的笔尖上。《随园食单》中就记载了大量杭州美食。

杭州商人何兴举家里制作的干蒸鸭，堪称一绝。干蒸鸭绝在干蒸。干蒸之法也叫旱蒸，是从“蒸”派生出来的一种方法，即蒸制菜肴时只加调料不加汤汁。有些菜须放入容器后加盖，并以牛皮纸糊口，放入磁罐中封好，再置于锅中干蒸。干锅中不放水而只放盐！把容器放置在文炭火之上，再盖以笼屉帽，以保持热气蒸约四个小时左右。蒸鸭时可放些干笋、雪菜之类吸收油腻，更可添些香醇之味。此干蒸法现在杭州还有，有一款“神仙鸡”即是。

一般南方人通常是爱吃、爱做鸭子，而北方人则不善于调理鸭子，因为很难去其腥气。北方人特别是北京人，只对山西人制作的“香酥鸭”，和山东人制作的“烤鸭”颇感兴趣。尤其是烤鸭，在北京还有“挂炉”与“焖炉”之分。焖炉烤鸭的特点是“鸭子不见明火”，就是将秫秸、柴禾等燃料放入炉内，点然后将烤炉内壁烧热到一定温度以后将火熄灭，然后将鸭子挂入烤炉内关闭炉门，全凭炉壁的热力将鸭子烘烤而熟。中间既不打开炉门，也不转动鸭身，直至鸭子烤好为止。挂炉烤鸭是用果木作为燃料，明炉烤制。鸭子入炉以后，在烤制的过程中，要用挑杆不断地、有规律地调换鸭子的烘烤位置，使鸭子能够受热均匀。

制作方法

主料 肥鸭 1 只

调料 甜酒、酱油、葱、姜

1. 肥鸭洗净斩成八块，用甜酒、酱油腌渍，调味汁以没过鸭子为度。
2. 将腌好的鸭块连汁水一起放入磁罐中，用荷叶封口置于锅中，锅中不放水，使用木炭以文火干蒸，蒸约四小时肉烂如泥时即可。

菜品特点：

味鲜清爽，肉质酥烂，香气浓郁。

煨麻雀

原文 取麻雀五十只，以清酱、甜酒煨之，熟后去爪脚，单取雀胸、头肉，连汤放盘中，甘鲜异常。其他鸟鹊俱可类推。但鲜者一时难得。薛生白常劝人：『勿食人间豢养之物。』以野禽味鲜，且易消化。

薛雪，字生白，号一瓢，又号槐云道人。苏州吴县人，晚年自署牧牛老朽。生于清康熙二十年，卒于乾隆三十五年，享年 90 岁。薛生白不仅以医闻名，而且风流倜傥，所交皆文坛名流，如沈归愚、袁子才辈。众好友诗酒流连，一时传为佳话。《墨林今话》记载，有一次薛生白与一位友人共饮，友人喝了三十六瓢，而薛生白仅饮“一瓢”，遂以“一瓢”自号，且将其卧室命名为“一瓢斋”。

袁枚在《随园食单》中，称薛生白常劝人勿食人间豢养之物，以野禽味鲜，且易消化。俗话说“宁吃野味一两，不吃家养半斤”。这些野味真的可以算是人间极品啊！不过吃野味也是分季节的，讲究的是“春鸡、秋兔、腊八雀”。春天万物复苏，土壤稀松便于野鸡刨土取食，所以春天的野鸡是最肥；秋天时节草木茂盛，五谷杂粮遍地都是，野兔就都出来觅食了，所以秋兔最肥；寒冬腊月则正是吃麻雀的好时候。

野味鲜美难得，麻雀入馔冬季食之最好。取麻雀先腌后炸，再以清酱、甜酒煨之，熟后去爪脚连汤放盘中，其味道鲜美异常。麻雀可炸、炖、蒸、卤，也可像鸡一样涂泥烘烤。煨麻雀可以做到肉骨同食。而津门三绝之一的“炸铁雀”与之有异曲同工之妙。

制作方法

主　料 麻雀 50 只

调　料 盐、酱油、甜酒、冰糖

1. 麻雀宰杀取出内脏、去爪，收拾好洗净。
2. 锅中放水，放入麻雀，然后放盐、甜酒、葱、姜烧沸打浮沫，加盖用小火煨到酥烂，熟后取出冷后去爪脚，单取雀胸食用，雀头有雀脑，其味甘鲜异常。

菜品特点：

色泽金黄，骨酥肉香，风味独特。

沈观察糟煨鹌鹑

原文 煨鹌鹑、黄雀：鹌鹑用六合来者最佳。有现成制好者。黄雀用苏州糟，加蜜酒煨烂，下作料，与煨麻雀同。苏州沈观察煨黄雀，并骨如泥，不知作何制法。炒鱼片亦精。其厨馔之精，合吴门推为第一。

唐代中期，对未设节度使的各道而设“观察使”一职，简称“观察”，为州以上的长官。清分守道辖一省内若干府、县，分巡道辖一省内某一专门项目，其地位类似唐之观察使，后人因为分守、分巡道员也管辖府州，就借用观察使以尊称道员。

苏州沈观察与姚方伯本是亲戚，姚方伯的姐姐嫁给了沈观察。二人年少时与袁枚同一书院学习，袁枚每天都能看见姚方伯派遣家僮，担着食盒供其姐丈受用。后来二人同登乡、会科试。沈寄姚诗云：“辛勤二老训喃喃，爱婿犹如爱长男。甘脆每教常健饭，苦吟犹记许分甘。”沈殿试二甲第三，姚二甲第二，自后官阶沈必差姚一级：姚为观察，沈为太守；沈为观察，则姚为方伯矣。沈又寄诗云：“平生每好居人后，今日还应让弟先。”

这沈观察说起来也是一位酷爱美食的老饕，家厨肴馔的技艺甚为精妙。当时在吴门首推第一，尤其以炒鱼片做得最好。沈家还有一道“煨黄雀”，是用苏州糟加蜜酒煨，成菜连骨头都酥烂如泥，很是独特，使人百吃不厌。黄雀不容易得到，可将黄雀换成鹌鹑。

鹌鹑以金陵六合县的为最佳。鹌鹑又简称鹑，是一种头小、尾巴短、不善飞的赤褐色小鸟。鹌鹑肉属于典型的高蛋白、低脂肪、低胆固醇食物，特别适合中老年人以及高血压、肥胖症患者食用。在飞禽中，鹌鹑可与人参相媲美，被誉为“动物人参”。俗话说：“要吃飞禽，还数鹌鹑！”说的就是这个意思。黄雀、麻雀不好找，而且个小肉少，但其味道香馥、营养丰富，有一股独特清鲜的味道。

制作方法

主料 鹌鹑 50 只

配料 香糟 200 克

调料 盐、蜜酒、冰糖、小茴香、水草 50 根

1. 鹌鹑宰杀煺毛、去除内脏及爪子，收拾洗净以后，窝别成形用水草捆扎。香糟、小茴香用纱布包好待用。
2. 锅中加水，放入鹌鹑，后放香糟、盐、蜜酒、葱、姜烧沸，打去浮沫，加盖用小火煨炖。
3. 将鹌鹑煨至骨头酥烂时取出放凉，解去水草斩剁装盘，浇上卤汁即成。

菜品特点：

色泽红亮，补脾血、益中气。

水族有鳞单

鱼皆去鳞，惟鲥鱼不去。我道有鳞而鱼形始全。作《水族有鳞单》。

酒煎假鲥鱼

原文 边鱼活者，加酒、秋油蒸之。玉色为度。一作呆白色，则肉老而味变矣。并须盖好，不可受锅盖上之水气。临起加香蕈、笋尖。或用酒煎亦佳，用酒不用水，号『假鲥鱼』。

边鱼又名鳊，古名槎头鳊、缩项鳊、团头鲂（武昌鱼）等。主要分布于我国长江中、下游附属的中型湖泊。其体形呈扁平状，重约一斤左右，或二三斤。其肉质嫩白细腻，含有丰富的蛋白质和脂肪，属名贵淡水鱼。由于毛泽东曾写下“才饮长沙水，又食武昌鱼”的词句，使边鱼更为闻名遐迩，其中尤以清蒸武昌鱼最为脍炙人口。

《随园食单》收录的边鱼二法，鲜鱼加酒、秋油清蒸。或按酒煎鲥鱼的方法煎制，也很好吃，此菜用酒不用水，袁枚称其为“假鲥鱼”。

煎法最早记载于《齐民要术》，也就是说在北魏时期就有此法了。煎是将经处理的原料平铺入锅，加少量油用中小火加热，使原料表面呈金黄色而成菜品的技法。煎是以小火慢慢加热，常见的有干煎、酥煎、香煎、煎封、软煎、煎蒸、煎烧等。

酒煎之法由来已久，是在普通油煎的基础上的又一种烹调方法。煎时须用甜酒烹之，甜酒乃醪糟米酒，酒在高温的冲击下，散发出浓厚的酒香气味，同时具有普通煎法的外酥里嫩之特征。且风味奇异，成品汁少黏稠、色泽红亮。

制作方法

主　料 活边鱼一尾 600 克

配　料 冬笋、香菇

调　料 酱油、甜酒、葱姜汁、素油

1. 活边鱼去鳞、鳃、内脏，洗净鳆中黑膜，在鱼背两侧略剞几刀，然后置于盘中，加酱油、甜酒腌渍。
2. 取煎锅放油五成热，将腌过的鱼煎到两面金黄，烹入腌鱼原汁，焖片刻即可。
3. 出锅前撒上葱、姜丝。

菜品特点：

酒香浓郁，味道醇厚，鲜嫩可口。

通州酥鲫鱼

原文 鲫鱼先要善买。择其扁身而带白色者，其肉嫩而松；熟后一提，肉即卸骨而下。黑脊浑身者，倔强槎枒，鱼中之喇子也，断不可食。照边鱼蒸法，最佳。其次煎吃亦妙。拆肉下可以作羹。通州人能煨之，骨尾俱酥，号『酥鱼』，利小儿食。然总不如蒸食之得真味也。六合龙池出者，愈大愈嫩，亦奇。蒸时用酒不用水，稍稍用糖以起其鲜。以鱼之小大，酌量秋油、酒之多寡。

鲫鱼简称鲫，俗称鲫瓜子。吃鲫鱼首先要善于选购，鲫鱼要挑身扁且白色的，这种鱼肉质鲜嫩松软，熟后提骨一抖，鱼肉自然离骨脱落。有一种黑脊圆身的鲫鱼肉质僵硬，而且鱼刺极多，是鲫鱼中的地痞瘌子，断不可食用。蒸鲫鱼最好用大的，酥鲫鱼最好用小的。鲫鱼大者当属金陵六合龙池所产，每条最少有半斤重，大的可达一斤多重，就像小鲤鱼似的。这种鱼可烧，也可酿馅做荷包鲫鱼。金陵名菜“龙戏珠”则非龙池大鲫鱼不可。鲫鱼煎煮，味道鲜美、汤浓如奶，再挤入小虾丸飘于汤面，宛如珍珠浮动，此菜乃金陵独有，被誉为一绝。

袁枚讲通州人能煨酥鲫鱼，但我国有两个通州，名称由来皆与京杭大运河有关。一为北京通州，是运河北部起点，称“北通州”；一为江苏通州，是运河南部终点，称“南通州”。清乾隆皇帝下江南时，曾写了个上联：“南通州、北通州，南北通州通南北。”这个上联四个字重复组成，十分巧妙，可乾隆却想不出下联了，最后还是纪晓岚看见了街头上的当铺，灵机一动对出下联：“东当铺、西当铺，东西当铺当东西。”因下联对得十分工整，乾隆听后龙颜大悦。

《随园食单》中记载有鲫鱼四法，煎之、蒸之、酥之和拆肉做羹。酥鱼选用小鲫鱼，当属北通州之法。酥鲫鱼有软酥、硬酥之分，酥焖时亦多加醋，用小火5小时方可酥透，成品入口酥香鲜美，肉刺全酥，耐人回味。

制作方法

主　料 小鲫鱼 8 条（约 500 克）

配　料 海带、咸菜、大白菜

调　料 酱油、料酒、白糖、姜、香油、醋，精盐、大茴香、砂仁、豆蔻、丁香、桂皮、甘草、葱、蒜、油

❶ 将鲫鱼去鳞、鳃及内脏，刮净腹内黑膜，洗净后沥净水，用葱、姜、胡椒、盐、料酒腌渍，海带泡发后洗净卷成卷；葱切段；姜拍松。

❷ 取一锅，将鲫鱼炸熟，锅底垫上咸菜，上铺一层海带，放上葱段、姜块、蒜瓣，再把鲫鱼整齐地放入锅内，将大茴香、砂仁、豆蔻、丁香、桂皮、甘草等放在鱼中间，海带卷放在鱼上面，用较宽的海带覆其上面，再用平盘扣压住。

❸ 碗内放白糖、醋、料酒、酱油、香油、精盐，加清水适量调匀，然后倒入锅内，上火烧开后转小火焖五小时，待鲫鱼酥透。在锅中浸泡，等晾透后将鱼起出即可。

菜品特点：

入口酥香鲜美，咸甜微酸，齿颊留香。

糟蒸白鱼

原文 白鱼肉最细。用糟鲥鱼同蒸之，最佳。或冬日微腌，加酒酿糟二日，亦佳。余在江中得网起活者，用酒蒸食，美不可言。糟之最佳，不可太久，久则肉木矣。

糟就是做酒剩下的渣子，也叫酒糟、酒粕。南方用糟与北方用糟的方法是两码事，南方人喜欢吃糟货，荤的素的都喜欢用香糟或糟卤糟上一糟。糟货最宜下酒，过去苏州老派人家都备一荤一素两只糟缸，素者、荤者皆可投入缸里。到了夏季新鹅上市，将鹅肉、鹅颈、鹅掌、鹅翅膀和鹅什件煮熟，与装入纱袋的香糟一同放入缸内，加以佐料盖上盖子，数天后打开盖子即糟香宜人，食之津津有味。

更绝的是糟鱼类，而且最好的鱼当数太湖白鱼。太湖野生大白鱼珍贵，堪与长江鲥鱼及东海鲞鱼相媲美。糟白鱼是将新鲜的白鱼用糟腌制的美食。具体做法是把捕获新鲜白鱼洗净，纵向片开两半，再切成大块。擦干鱼身的水后，用适量盐擦遍鱼块，然后和香葱、老姜、蒜瓣、干辣椒一起放入陶罐。将香糟用纱布包好后放在鱼块上，罐口用纱布包上再放置重物压好。密封陶罐3天后，即成糟白鱼。

白鱼用酒糟、盐等调料，经过特殊的腌制，让菜肴散发着诱人的酒糟香气。同时由于在糟腌的过程中，鱼的部分水分散失，这就无形中增加了鱼肉的弹性和紧实感。再经过长时间的蒸制，又使它的滋味充分地体现出来，成为一道难得的好菜。

其实要说起来，早在宋朝时期，江南就有“糟”这种烹饪方法。据史料记载：“北宋仁宗时期的宰相吕夷简，就曾给皇上进贡了两匣糟白鱼。”糟白鱼是不宜汆汤的，汤糟要用糟青鱼为好，糟白鱼以炖和煎为佳，是酒席上的极品。袁枚在《随园食单》中，就曾记载了白鱼的三种吃法。

制作方法

主料 糟白鱼150克

配料 香葱、老姜

调料 白砂糖、油、绍酒

1. 白鱼先用盐腌渍，然后加酒糟佐料腌二日取出。
2. 腌好的糟白鱼，用清水冲洗掉表面杂质码入盘中。香葱切段、老姜切丝，码在糟白鱼上，撒上白砂糖、绍酒和油。
3. 蒸锅放水大火烧开，放入调好味的糟白鱼，用旺火蒸熟即可。

菜品特点：

糟香浓郁，诱人食欲。

清炒季鱼片

原文 季鱼少骨，炒片最佳。炒者以片薄为贵。用秋油细郁后，用纤粉、蛋清搂之，入油锅炒，加作料炒之。油用素油。

季鱼就是鳜鱼，又叫鳌花鱼、桂鱼，是我国四大淡水名鱼之一。鳜鱼肉质细嫩、刺少而肉多，其肉呈瓣状、味道鲜美，实乃鱼中之佳品。唐朝诗人张志和在其《渔歌子》中，曾留下著名诗句赞美此鱼："西塞山前白鹭飞，桃花流水鳜鱼肥。"

季鱼适合各种烹饪方法，红烧、干烧、糖醋、清蒸皆可。早在清朝时，苏州的"松鼠鳜鱼"，在乾隆皇帝下江南时就曾亲自品尝过。而徽州名菜臭鳜鱼，则更是闻名遐迩了。

袁枚认为季鱼少骨，炒片最佳。炒季鱼片，若要炒好实属不易。炒时须注意三点：其一，炒季鱼片之精髓在于刀工，鱼以片薄为贵，妙在片薄却嫩而不散。其二，炒前用秋油细郁后，用纤粉、蛋清上浆，这样鱼肉才能保持鲜嫩无比。其三，油一定要用素油，炒时加料迅速，旺火速成，成菜明汁亮芡、色红油润。

《随园食单》还收录有爆炒青鱼片，制作方法与炒季鱼片略同。其秘诀均在于起油锅爆炒，量不可大，最多不过六两（注意这可是小两，老秤十六两为一斤）。鱼片不到半斤，太多则火气不透，炒不出气味则鱼片不香。

制作方法

主料 鲜鳜鱼一尾 750 克

配料 马蹄、鸡蛋清 1 个

调料 酱油、盐、绍酒、糖、醋、姜汁、葱段、生粉、素油

1. 鳜鱼去鳞、鳃、内脏，洗净后去骨取肉，切段、片片，置容器中，加盐、蛋清、生粉上浆待用。
2. 马蹄去皮切片，葱切寸段待用。
3. 炒锅上火加入油，烧三成热时放鱼片，划散起锅控净油，锅留少许底油，以葱、姜爆香锅底，放马蹄片翻炒，倒入鱼片加调料勾芡，旺火翻炒均匀，起锅装盘。

菜品特点：

色红油润，鲜嫩爽滑。

鱼松

原文 用青鱼、鲜鱼蒸熟，将肉拆下，放油锅中灼之，黄色，加盐花、葱、椒、瓜、姜。冬日封瓶中，可以一月。

肉松又称肉绒、肉酥。用牛肉、羊肉、猪瘦肉、鱼肉、鸡肉除去水分后加入红糟、白糖、酱油、熟油精制而成，这种东西在蒙古、中国、日本、泰国、马来西亚、新加坡都很常见。据马可·波罗在《马可·波罗游记》中的记述，蒙古骑兵曾携带过一种食品即是肉松。也就是讲在蒙古帝国时期，肉松就是成吉思汗驰骋欧亚作战时的干粮了。

随着社会的不断发展，肉松的制作除传统方法外，业内将肉类去骨切粒后的炒酥之法，亦称为“松”。如生菜炒鸽松、金盏银鱼松、江南鲜笋炒鱼松、五彩炒鱼松等。

无独有偶，在东南沿海也有一食品“鱼松”。每当渔民出海前，为能得到水神的保护而举办的隆重祭宴，其中就有鱼松。此物便于保存且食用方便，也是渔民出海时常备的食品。

顺便说一下，近年来美国密西西比河“亚洲鲤鱼”成灾，是美国人最头疼的生态问题之一。应密西西比州政府邀请中国渔业专家赴美帮助治理“鲤灾”，专家经考证后，觉得这事好办，给了一个字真言：“吃！”美国人也很赞同用吃来解决“亚洲鲤灾”的提案，但美国人不爱吃淡水鱼，因为淡水鱼刺多，也不知如何烹制去掉鱼的土腥味。其实按袁枚之法，将“亚洲鲤鱼”制成鱼松，直接在美国当地销售或出口，这样“亚洲鲤鱼”就不再是灾难，而是重大商机了。

制作方法

主料 鲜鱼一尾

配料 酱瓜、酱姜

调料 葱末、姜末、花椒面、糖、黄酒、精盐、香油、酱油

1. 将鱼宰杀洗净，放入黄酒、精盐；葱去根上笼蒸熟，用筷子拆散取鱼肉，将鱼肉倒进干净的布袋中挤干。
2. 锅中放油，把拆下的鱼肉略炸定形捞出，待油热时复炸成金黄色后捞出控净油。油热后将鱼肉放入锅内摊开，用文火慢慢烤，并不断翻炒，待水分将干，鱼肉纤维分开呈蓬松状。
3. 锅中煸香葱末、姜末，下鱼松、花椒面，酱瓜末，酱姜末炒匀，加调料找口，翻炒到干爽，起锅晾凉后即可，封瓶保存，随吃随取。

菜品特点：

鱼松味咸甜，松软鲜香，入口即化。

鱼圆

原文 用白鱼、青鱼活者，剖半钉板上，用刀刮下肉，留刺在板上；将肉斩化，用豆粉、猪油拌，将手搅之；放微微盐水，不用清酱，加葱、姜汁作团，成后，放滚水中煮熟撩起，冷水养之，临吃入鸡汤、紫菜滚。

鱼圆是民间的传统菜品，在我国南方的鱼米之乡，逢年过节、喜庆团圆，餐桌上都少不了鱼圆。这种吃食几乎家家会做、人人爱吃，同时也是家宴和各个饭店的必备之菜。

鱼圆制作简单，将鱼茸打好，锅中放清水，抓一把拌好的鱼茸，从十指和大拇指中间挤出一个肉圆，用调羹刮下来放到水里，如此往复，做满一锅时再用小火煮沸。待水沸时，晶莹剔透尤如白玉般的鱼圆便浮于水面。高手做的鱼圆色白、光滑鲜嫩，在汤中呈圆形，夹在筷子上呈长形，放在盘中呈扁形。

挤鱼圆时应注意鱼圆要大小一致，鱼圆一般都是圆的，但也有厨师做出形状近似橘瓣的，称为橘瓣鱼圆。更为奇特的是还有一种灌蟹鱼圆，此菜柔绵而有弹性，白嫩宛若凝脂，内孕蟹粉馅，色如琥珀，浮于清汤之中，有“黄金白玉兜、玉珠浴清流”之美。

鱼圆讲究洁白细腻，但杭州有一种斩鱼圆，如狮子头一般，鱼肉颗粒大、入口松嫩，颇具特色。其极品讲究用长江鮰鱼制作。鮰鱼又名江团，肉肥而不腻，春秋两季最为肥嫩。鮰鱼兼有河豚、鲫鱼之鲜美，而无河豚之毒素和鲫鱼之刺多。不仅好吃，而且有补中益气、开胃利水之功效。

制作方法

主 料 白鱼或青鱼一尾

调 料 姜葱汁、鸡蛋清、盐、猪油、鸡汤、胡椒粉、淀粉

1. 将活鱼收拾干净，刮取净肉，将净肉剁成鱼茸，在鱼茸中加入姜汁、葱汁、蛋清、盐、猪油搅成黏糊状。
2. 将炒锅放在小火上，锅内放入清水，将鱼挤成一个个圆形鱼圆放入清水中，然后将锅移至旺火上，将鱼圆煮至八成熟。
3. 鸡汤、精盐放入锅内，煮沸后下入鱼圆，撒上紫菜略煮便可出锅。

菜品特点：

色白如玉，鲜嫩滑润，营养丰富。

瓠子炒鱼片

原文 将鲜鱼切片先炒，加瓠子，同酱汁煨。王瓜亦然。

此菜式是典型江南风味，鱼肉鲜嫩，又保持了瓠子原味不变，且别具一格。瓠子季节性强，别名很多，如：甘瓠、甜瓠、瓠瓜、净街槌、龙密瓜、天瓜、长瓠等。长瓠是葫芦的一个变种，果实粗细匀称而呈圆柱状，直或稍弓曲，长可达 60 ~ 80 厘米，绿白色，果肉白色，果实嫩时柔软多汁可作蔬菜。瓠子肉颜色洁白质地柔嫩，可烧、可炒、可做汤，味道清新淡雅。不过在挑选时，如发现有苦味瓠子则要坚决扔掉。苦瓠子含有一种名叫碱糖甙的生物毒素，误食后会导致上吐下泻。

鲜鱼就是草鱼，又叫鲩、鲩鱼、油鲩、草鲩、白鲩、草鱼、草根（东北）、厚子鱼（鲁南）、海鲩（南方）、混子、黑青鱼等。草鱼属鲤科，是中国淡水养殖的四大家鱼之一。其体延长，呈圆筒形，通体青黄色，头宽平、无须、咽齿梳状，栖息在水的中下层，以水草为食，其肉味鲜美但鱼胆有毒。

鲜鱼是南方杭州一带的叫法，南方还有一种青鱼，二者在形态上非常相似。在南方这两种鱼通常混为一体，不熟悉的人一时难以区分。青鱼有较深的青黑色，草鱼则如嫩草般的草黄色。青鱼鳞片呈现不明显，而草鱼则有非常明显的网线状。青鱼的头部较窄而长，像尖锥，夹角约接近 30 度角；草鱼头部较宽而短，较圆浑一些，夹角约接近 45 度角。草鱼一般生活在水的中层，主要吃水生植物的茎和叶；青鱼生活在水的下层，主要吃螺、蚌等水底动物，所以叫它螺丝青。

制作方法

主料 草鱼

配料 瓠子

调料 油、盐、绍酒、酱油、淀粉

1. 将草鱼去鳞、去鳃、去内脏、去骨，取肉切片码味上浆，瓠子去皮切片。
2. 盐、绍酒、酱油、水淀粉调成酱汁。
3. 锅中放油，将草鱼片、瓠子片划油，倒出控净油，瓠子炒鱼片。
4. 锅中留底油倒入鱼片、瓠子，烹入酱汁翻炒均匀即可。

菜品特点：

鱼片鲜嫩、瓠子脆嫩、咸鲜可口、别有风味。

醋搂鱼

原文 用活青鱼切大块，油灼之，加酱、醋、酒喷之，汤多为妙。俟熟即速起锅。此物杭州西湖上五柳居最有名。而今则酱臭而鱼败矣。甚矣！宋嫂鱼羹，徒存虚名。《梦粱录》不足信也。鱼不可大，大则味不入；不可小，小则刺多。

清人方恒泰有《西湖》诗云："小泊湖边五柳居，当筵举网得鲜鱼。味酸最爱银刀桧，河鲤河鲂总不如。"醋搂鱼以杭州西湖五柳居烹制的最负盛名。它是取活青鱼收拾干净以后，切成瓦块大小，用以油灼，再加酱油、醋、酒、姜末，以汤多为妙，熟后即可起锅。据考证，此鱼就是当今杭州名菜"西湖醋鱼"的前身。经历代厨师不断研制改进，将油炸改为水氽，此菜享有"西湖第一珍馐"之美誉。

西湖醋鱼又名宋嫂鱼，相传在古时有宋氏兄弟两人，皆颇有学问，二人隐居江湖靠打鱼为生。当地有一恶霸名赵大官人，他见宋嫂年轻貌美，欲强行霸占为妻，于是便使用诡计害死了宋氏兄长。叔嫂一起到衙门喊冤告状，哪知当时的官府与恶势力一个鼻孔出气，告状不成叔嫂二人反遭毒打，并要把小叔投进监牢。小叔无奈只好远避他乡。临分手时，宋嫂烧鱼一碗对兄弟说："此鱼有酸有甜，望你将来能有出头之日，勿忘今日辛酸。"后来，小叔高中状元回到杭州，惩办了恶棍。但却找不到嫂嫂的下落。一次外出赴宴，席间又尝到此菜，经询问方知嫂嫂隐姓埋名在这里当了厨娘，于是叔嫂席间相见，悲喜交集，抱头痛哭。

后来民间将此传为佳话，名为"叔嫂传珍"。

制作方法

主 料 青鱼或草鱼

调 料 酱油、醋、白糖、绍酒、姜末

❶ 将青鱼宰杀洗净切成大块，下油锅略炸上色，捞出控净油。

❷ 锅中加水放入炸好的鱼块，入酱油、醋、绍酒、白糖、姜汁，用中火煨煮成熟捞出，原汁勾芡收浓汁，淋上即可。

菜品特点：

酸甜咸鲜，尤如蟹肉。

鸡汤煨银鱼

原文 银鱼起水时，名冰鲜。加鸡汤、火腿汤煨之。或炒食甚嫩。干者泡软，用酱水炒亦妙。

银鱼，又称玉簪鱼、面条鱼、冰鱼、玻璃鱼等。银鱼体柔，恰似无骨无肠呈半明状，漫游水中似银梭织锦，快似银箭离弦，所以古人又把它喻为玉簪、银梭。银鱼被捕获捞出水面，会立即变成白色，如玉似雪，令人啧啧称奇。银鱼看似无鳞无刺、无骨无肠，但因品种不同，也各不一样。银鱼大多无鳞，但也有长细鳞的，所以袁枚将其归类在《随园食单·水族有鳞单》中，并收录银鱼菜三款。

银鱼总体分为小银鱼和大银鱼两种，其中大银鱼可长到体长 7 至 10 厘米。优质者有：鄱阳湖银鱼、洞庭湖银鱼、长江银鱼、天津宝坻银鱼，其中尤以太湖银鱼品质为最优。清康熙年间被列为皇家贡品。

太湖银鱼有四个品种，太湖短吻银鱼、寡齿短吻银鱼、大银鱼、雷氏银鱼，其中以短吻银鱼和寡齿短吻银鱼为上品。这两种银鱼体长 8 厘米左右，通体洁白无鳞、细软如丝，若无骨无肠而呈半透明状，其味道肥嫩鲜美。苏州俚语更有“五月枇杷黄，太湖银鱼肥”之说。每年五月枇杷黄熟之时，银鱼上市。每当此时商贾云集，成为江南水乡的一景。

银鱼入肴是席上珍馐，无论怎么吃都是非常好的美味。视之，色泽赏心悦目；闻之，鲜香诱人、口舌生津；食之，味美可口、齿颊留香。银鱼可炒、可炸、可蒸、可做汤。常见的有：韭菜炒银鱼、银鱼蒸蛋、芙蓉银鱼、酥炸银鱼等菜式。太湖边还有人用银鱼做银鱼丸子、银鱼春卷和银鱼馄饨来吃。经过曝晒制成的银鱼干，则更是色、香、味、形经久不变，用来做汤羹最具特色。

制作方法

主料 鲜银鱼 200 克

配料 鸡脯 75 克、火腿 50 克

调料 盐、绍酒、姜汁、胡椒粉，鸡汤、麻油

1. 鲜银鱼去杂物洗净，沥干水分，加酒、姜汁略拌，待用。
2. 生鸡脯煮熟后拆丝，熟火腿切丝。
3. 锅上火放鸡汤，将银鱼放入烧沸，打去浮沫，加盐、绍酒、胡椒粉调味，再滚后起锅装入汤盆，撒上鸡丝、火腿丝，淋上麻油即可。

菜品特点：

银鱼肉质洁白细腻，滑嫩爽利；口味咸鲜，香浓而不腥。

糟鲞

原文 冬日用大鲤鱼腌而干之，入酒糟，置坛中，封口。夏日食之。不可烧酒作泡。用烧酒者，不无辣味。

在古时候，没有冰箱，先人为了保存食物，发明了盐渍、糟、醉、酱、脯、鲞等方法。古时把晒干的鱼叫鲞，如鳗鲞、黄鱼鲞、乌贼鲞，后来引申泛指各种干货如茄鲞、笋鲞、菜鲞等。糟鲞从字面解释就是用糟腌渍的鱼。此食品流行江浙，一般以鲤、草、青鱼等大鳞鱼淡水鱼为原料，经去鳞、背部劈开、去内脏、洗净，晒干，然后腹部向上入缸内加酒糟腌渍3个月即得成品。也可加入适量红曲，以美化制品颜色，那就叫红糟了。“糟”与“醉”相似，调料都源于酒，做法也相似，故有“糟醉一家”之称。

糟法历史悠久，糟的利用始于先秦，最早载于两千多年前的《楚辞》；袁枚在《随园食单》中也有自制糟肉、糟鸡、糟鲞的记载。《说文》：糟，酒滓也。这酒滓，成就了一种独特的江南味道。江南自古为稻米产地，也是黄酒的故乡。除了众多的酒厂作坊造酒以外，民间农户都有酿米酒的习惯。米酒俗称“老白酒”，加点红籼就成了黄酒。秋收过后，谷粒进仓，家家户户就陆续酿起米酒。酒多了，酒糟也自然多。以糟入菜经糟制之后，更可以去荤腥提香味。酒糟的浓香和调料的咸鲜进入“肉体”之后，使得肉质别有风味，皮脆骨鲜，紧致嚼劲，并且糟香入骨。这一味糟香是七味之外，又一个独特的味道。而且取料广泛，有入口之物，皆可糟之的说法。糟鲞之法是将鲜鱼掏出内脏、去鳞后放阴凉处吹干。先在鱼背上切几个刀口，将盐均匀涂抹于各处后再悬挂阴凉处。等鱼水分蒸发后再切块，放于容器中。放两层鱼时撒一层调料，最后一层用调料封顶，放阴凉通风处30天即可食用。食用时，取出鱼段后放半勺糖、半勺醋、两勺油，姜、葱、蒜少许，放入锅中蒸15分钟后即可。入口糟香醇厚，口感柔韧有嚼头。

制作方法

主料 鲤鱼一尾

调料 酒糟、盐、葱、姜

1. 冬天把大鲤鱼背部开膛，用盐抹均腌后晒干。
2. 放进酒糟里，装到坛子中，封口。第二年夏天可以吃，但不能用烧酒来泡发（用烧酒泡就会有辣味）。

菜品特点：

醇香爽口，色味俱佳，鱼呈酱黄色，柔韧有嚼头。

苏州鱼脯

原文 活青鱼去头尾，斩小方块，盐腌透，风干，入锅油煎，加作料收卤，再炒芝麻滚拌起锅，苏州法也。

脯原意为肉干或干肉制品，以及水果蜜渍后晾干的成品，如鹿肉脯、兔肉脯、猪肉脯、牛肉脯、桃脯、杏脯等。当然把鱼、鸡等为斩茸做成形也称脯，如相声《报菜名》中，就有“溜鱼脯”一菜。

各地的溜鱼脯口味搭配也不尽相同，有糟溜鱼脯、口蘑溜鱼脯、软溜鱼脯、醋溜鱼脯、荠菜鱼脯、腌青菜鱼脯等诸多名堂。但最常见则是将鱼块炸干，加味收汁之法也称鱼脯，《随园食单》中所记载的就是此法。现在此法已演变为苏州薰鱼，它是将锅内收汁改成浸汁，制法是将鱼肉切成厚片，用腌料拌匀，将腌渍入味的鱼片沥干，留下的浸汁加调味料混合，加温水煨煮 5 分钟，再加入麻油。炸锅油烧至六七成热，鱼分数次下锅炸至金黄色。每次炸好的鱼片捞起后，立即放入汁中浸 1 分钟，捞起置于盘中即可供食用。

做鱼脯通常用青鱼或草鱼。青鱼和草鱼形态上非常相似，如何区分呢？首先看颜色，青鱼呈青黑色，颜色较深；草鱼有嫩草般的草黄色，颜色较浅。青鱼鳞片隐含不明显，而草鱼则是呈现出非常明显的网线状。青鱼的头部窄长，草鱼头部宽短。另外，草鱼一般生活在水的中层，主要吃水生植物的茎和叶；青鱼生活在水的下层，主要吃螺、蚌等水底生物。青鱼、草鱼是过年过节才见得到的，平常过日子主要吃鲢鱼。鲢鱼分花、白两种。白鲢不受人欢迎，但还不同于鲤鱼。苏州人通常不吃鲤鱼，“鲤鱼跳龙门”，乃神灵和吉祥的象征，是专门用来放生的。

制作方法

主 料 活青鱼一尾 1200 克

配 料 熟芝麻

调 料 盐、酱油、绍酒、糖、姜汁、葱、素油

1. 活青鱼去鳞、鳃、内脏，洗净后沥干水分，斩去头尾鱼身剖成两片，带骨斩成小块，置容器中加盐、葱腌半日，然后取出晾干水分。
2. 炒锅上火烧热，放入油待五六成热时，将鱼放入炸成黄色捞出，控净油。
3. 锅中放水、鱼块，加入酱油、绍酒、糖等调料烧开，待卤汁浓郁包在鱼块上时，撒上芝麻炒拌均匀，即可起锅。

菜品特点：

口味咸鲜，回味不绝。

水族无鳞单

鱼无鳞者，其腥加倍，须加意烹饪，以姜、桂胜之。作《水族无鳞单》。

雪菜汤鳗

原文　加冬腌新芥菜作汤，重用葱、姜之类，以杀其腥。

雪菜为十字花科植物“芥菜”的嫩茎叶，南北雪菜的品种、腌制方法各有不同。南方雪菜细且发黄；北方的棵大色绿，是叶用芥菜的一个变种。到了秋冬季节，叶子会变为紫红色，故名“雪里红”，又名“雪里蕻”。北方腌雪里蕻放盐比较多，主要是作为是咸菜食用。南方的腌雪菜先晒后腌，放盐的比例较小，主要是靠乳酸菌发酵，腌好后是咸中带酸。

俗话说：“保定有三宝，铁球、面酱、春不老。”其中“春不老”即是雪菜。因为保定出产的雪里红，在经过腌制以后，无论存放多久，既不生筋，也不长柴，且无苦涩味道，同时可以一直保持其颜色嫩绿新鲜，故而得名。

雪里蕻是我国冬春两季重要蔬菜，每年冬天，很多人的家里都会腌一大盆雪里红。过去由于北方冬春季节新鲜蔬菜较少，北方人对雪里蕻的吃法，通常是作为咸菜佐餐，或洗去盐分与其他食材进行烹制，如：雪里蕻炒黄豆、雪菜炖豆腐、肉丝炒雪菜等。

南方江浙一带的人喜欢吃雪菜，可做各种下饭菜，如：肉末炒雪里蕻、雪菜炒春笋、雪菜炒蚕豆、片儿川等。这其中，宁波人尤好喜食雪菜！当地民谚云：“三日不吃咸菜汤，脚底有点酸汪汪。”在宁波有道名菜“雪菜大汤黄鱼”。此菜咸鲜合一。这种鲜并非是烹制时加入调味料所得，而是腌雪菜与鲜黄鱼二者相融以后，本身所形成的天真本味。这种菜式在江、浙、绍等地十分流行。

制作方法

主　料　活鳗鱼一条

配　料　雪菜 200 克、笋片 100 克

调　料　盐、绍酒、葱、姜

1. 鳗鱼宰杀清理干净后，用热水烫洗，去除滑涎黏液，改刀成厚片。
2. 雪菜切段，梗切成细粒，鲜笋切片待用。
3. 锅中放油烧至七成热，投入姜片略煸，下鳗鱼略煎，再烹上绍酒，盖上锅盖稍焖。舀入沸水 750 毫升，加入葱结烧沸，改为中火焖烧 8 分钟。拣去葱结，放入笋片、雪菜，改用旺火烧沸，用大火煨至汤汁浓时，取出装入容器中，撒上白胡椒粉即成。

菜品特点：

咸鲜合一，鱼肉鲜嫩，汤汁乳白。

朱分司红煨鳗

原文 鳗鱼用酒、水煨烂，加甜酱代秋油，火锅收汤煨干，加茴香、大料起锅。有三病宜戒者：一皮有皱纹，皮便不酥；一肉散碗中，箸夹不起；一早下盐豉，入口不化。扬州朱分司家制之最精。大抵红煨者以干为贵，使卤味收入鳗肉中。

古之中国共有九州，扬州即是其一，古人称扬州又为“淮扬”，所以扬州菜亦称“淮扬菜”。其主要特点是：选料严格、刀工精细、主料突出、注意本味、讲究火工、擅长炖焖、汤清味醇、浓而不腻、清淡鲜嫩、造型别致、咸中微甜、南北皆宜。淮扬菜与鲁、川、粤菜齐名，有“东南佳味”之称。

《随园食单》中记有不少扬州菜，包括：红煨鳗、程立万豆腐、煨木耳香蕈、冬瓜、鸡圆、人参笋、高邮腌鸭蛋、糟泥螺、通州煨酥鱼等等。

鳗鱼入馔口感肥糯、滋味鲜美，以煨法制作其味道最佳。而煨法在随园菜中使用是最多的。不过那时煨与烧、焖、炖等几种方法，分得不像现在这么详细，煨法适用味厚肥腻之品。红煨鳗的烹制方法就十分地讲究。

在制作菜品中，如果烹调不当，就会出现三种弊端。一是火候过急、过旺，使鱼皮有皱纹，皮便不酥爽了；二是烹调过火，肉散烂在碗中用筷子夹不起来；三是早下盐豉，使肉质变老发硬入口不化。盐对食物有渗透作用，鱼肉没酥时下盐，肉中脂肪蛋白质析出，成熟后肉质发干。这三种弊端，有许多人终身都不得其法。煨时加水也要适量，尽量使卤汁收干，使鳗鱼充分吸收卤汁，皮肉均酥才能入味。成菜色泽金红、咸中带甜、肥浓有胶、肉质酥透、色味皆优。

制作方法

主 料 活鳗鱼一条，约 750 克

调 料 绍酒、甜酱、糖、葱、姜、八角、素油

1. 活鳗宰杀不需破腹，从颈部下刀放血，在肛门处下刀割断肠子，用竹筷绞出内脏，用八十度热水烫去涎膜洗净。（注意水温，切莫烫破鱼皮。）
2. 将鳗鱼切段放碗中，加酒、姜、葱、小茴香、八角等上笼蒸酥，捡出葱、姜待用。
3. 炒锅上火放油，烧至四成热，放葱、姜炝锅，加甜酱炒香，放入鳗鱼置小火略煨，找味找色，然后移旺火收浓汤汁，装盘。

菜品特点：

色泽金红，咸中带甜，鲜香酥透，汤醇汁浓。

魏太守生炒甲鱼

原文 将甲鱼去骨，用麻油炮炒之，加秋油一杯、鸡汁一杯。此真定魏太守家法也。

袁枚好友魏太守是真定府人（现河北省正定县），自古真定与北京、保定合称“北方三雄镇”，雍正元年因避世宗胤祯讳，改“真定”为“正定”。三国时代的常胜将军赵云，便是诞生于此。

甲鱼，俗称鳖、元鱼、团鱼、王八等，不仅是餐桌上的美味佳肴，在民间也被视为滋阴补血的良药。甲鱼有一个特点，就是咬到手就不会轻易地松口，任你怎么使劲拽也不行，即使砍掉甲鱼的头也没有用。坊间有民谚描述甲鱼：“咬住以后不撒嘴，听驴叫唤才松口。”当然这肯定是无稽之谈。碰到这种情况该怎么办呢？甲鱼在咬到手之后，头会向里面收缩，这时候越是大吼大叫，甲鱼就会越是发怒！再加上死拉硬拽，肯定就咬得也越紧。正确的做法是一只手捏住甲鱼壳，另一只手的两个手指使劲捏住甲鱼的后腿窝，甲鱼就会立刻松口。如果所在的环境允许，可以把甲鱼放进水中，甲鱼便会立即松口逃生。民间一般宰杀甲鱼，往往就是利用它的这种特性。先让甲鱼咬住筷子，然后手起刀落。但这是低级的杀法。饭店厨师没这么费劲，只须用脚一踩，甲鱼头就会出来，然后手急眼快抓住甲鱼头下刀。

甲鱼一般以烧、煨二法烹饪，但魏太守的家厨用的却是生炒的办法，味美且别具一格。这种制作方法非常的巧妙，是把甲鱼去壳取裙边，去除内脏洗净，然后将肉剁成块，用香油炮炒。待炒至甲鱼变色，加一杯秋油、一杯鸡汁，放适量料酒加少许清水，大火烧开后转小火，慢炖 15 分钟；然后再爆炒出锅装盘。

制作方法

主料 童子甲鱼一只

配料 冬菇、笋尖

调料 盐、酱油、绍酒、糖、葱、姜、蒜、胡椒、鸡汤、生粉

① 活甲鱼宰杀用热水去掉白膜，刮去裙边黑衣，在腹部中间位置切十字刀取出肉和内脏，斩去爪尖，将肉切成核桃块待用。冬菇、笋尖改刀成块。

② 锅内放水，煮沸后烫一下甲鱼，注意择去黄色的油脂。

③ 炒锅上火放麻油烧热，将甲鱼、葱、姜、蒜放入，以小火煸炒，放入冬菇、笋片，然后加入酱油、绍酒、糖、胡椒、鸡汤略焖一会，用水淀粉勾芡，撒上小葱段，翻炒均匀出锅即可。

菜品特点：

色泽红润，鲜香味浓。

吴竹屿汤煨甲鱼
原文 将甲鱼白煮，去骨拆碎，用鸡汤、秋油、酒煨汤二碗，收至一碗，起锅，用葱、椒、姜末糁之。吴竹屿家制之最佳。微用纤，才得汤腻。

甲鱼名鳖，俗称王八。笔者年幼时曾听说过一道菜，是把活甲鱼塞进蒸笼里，只留下一个小孔，孔外放一碟香油、酱油之类的调和油。甲鱼在蒸笼里受热不过，就会伸出头来喝一口调和油。甲鱼熟了，调和油的滋味也浸进五脏六腑了。最早觉得这道菜好玩，中国人真聪明！等长大了以后才觉得这太残忍了。后来笔者正式参加工作，成为一名厨师之后才明白，这道菜不过是坊间笑言戏谈，厨界本无此菜。因为首先这甲鱼不会那么听话，让它喝这油汤它就喝。即便是甲鱼真喝，那香油、酱油混在一起又咸又腻，您道甲鱼它傻呀？再者说，这活甲鱼未做仔细清理，既不卫生更是难得美味。

袁枚在《随园食单·须知单》的"洗刷须知"中讲道："肉有筋瓣，剔之则酥；鸭有肾臊，削之则净；鱼有胆破，而全盘皆苦，鳗涎存，而满碗多腥，而且吃鱼要去乙，食鳖要去丑。"

何为"鳖去丑"？就是在清理甲鱼时，必须去除掉它的生殖器和排泻器官！并且还必须要用开水烫后去掉外面的膜。甲鱼的这两个部位极其腥臭，如不去除干净，无论如何烹制，其味道都是难以下咽的。

那么如何烹制甲鱼，才能得取上味呢？自古民谚有云："鲤鱼食肉，王八喝汤。"甲鱼以煲汤为最佳。如现在流行红煨甲鱼、清炖甲鱼等，其制作方法都是以汤多取胜。

制作方法

主料 甲鱼

配料 浓鸡汤

调料 酱油、绍酒、葱、姜、花椒面、水淀粉

1. 将收拾好的甲鱼用清水煮熟，煮时放姜、葱、绍酒去腥味。
2. 把煮好的甲鱼去骨拆肉。
3. 锅中放鸡汤，加酱油、绍酒、甲鱼肉烧开，待汤收浓时找口勾芡，撒上葱末、姜末、花椒末即可。

菜品特点：

颜色红亮，味道鲜美，汤浓稠腻，营养丰富。

鳝丝羹

原文 鳝鱼煮半熟，划丝去骨，加酒、秋油煨之，微用纤粉，用真金菜、冬瓜、长葱为羹。南京厨者辄制鳝为炭，殊不可解。

袁枚在粤东杨兰坡知县家，品尝到鳝丝羹以后颇觉味美。此羹是用活鳝鱼煮半熟划成鳝丝，加酒、秋油煨之，再加入金针菜、冬瓜、长葱，微用些芡粉做羹而成。

俗话说："鞭杆子鳝鱼，马蹄鳖。"甲鱼通常选八两到一斤左右，如马蹄大小的为最好；鳝鱼就要选拇指粗细的为最肥。制作鳝丝羹在处理鳝鱼方面可是个技术活！先用加盐和葱、姜的清水在锅内烧开，将活的鳝鱼倒入同时盖紧锅盖。这个环节手一定要快！搞不好鳝鱼就全跑了出来，或者被锅盖压住一半在水里、一半在外面乱动。然后让被猝死的鳝鱼在开水里稍煮片刻，以嘴微张、自然形成一个圆圈而皮没有脱落为最佳。

然后取出放入冷水中冷却，用竹制的斜面刀（一般用筷子削成）将鳝鱼划成条，这也是很有技术含量的。宰杀长鱼可分生熟二种，熟鳝鱼划鳝时也分双背和单背，双背是出品整、个形完美，单背出骨适合分档取料。鳝鱼必须新鲜不可过夜，讲究者把熟鳝鱼肉用沙布包起放入汤里喂着，随吃随烧。

袁枚将此经验之谈，收录到《随园食单》的"戒单"中，他认为：物味取鲜，全在起锅时极锋而试，略为停顿，便如霉过衣裳，虽锦绣绮罗，亦晦闷而旧气可憎矣。常见性急主人，每摆菜必一齐搬出。于是厨人将一席之菜，都放蒸笼中，候主人催取，通行齐上。此中尚得有佳味哉？在善烹任者，一盘一碗，费尽心思；在吃者，鲁莽暴戾，囫囵吞下，真所谓得哀家梨，仍复蒸食者矣。

制作方法

主料 鳝鱼 400 克

配料 黄花、冬瓜、香葱

调料 绍酒、酱油、盐、醋

1. 水锅中加盐、醋，等沸后将鳝鱼放入，煮至鳝鱼身卷起、嘴张开时捞出，用竹刀划成鳝丝，在原汤中喂。
2. 黄花泡发择洗干净，冬瓜去皮切丝，香葱切丝。
3. 锅中放高汤，把鳝鱼丝放入，再加入金针菜、冬瓜、绍酒、秋油煨片刻，调味勾芡后放入长葱丝即可。

菜品特点：

鳝鱼滑爽，入口腴嫩，清香四溢，轻抿若化，齿颊生香。

炒鳝丝

原文 拆鳝丝炒之，略焦，如炒肉鸡之法，不可用水。

每年小暑乃是吃鳝鱼的季节，所谓“小暑黄鳝赛人参”就是这个意思。鳝鱼是一种淡水鱼类，因其腹部为黄色，因此苏南人称之为“黄鳝”；南京及苏北人则唤其为“长鱼”。

在淮安有“长鱼席”，利用长鱼的各个部位，一共可制作出三十六道菜品。如用鱼脊背做的“炒软兜”；用长鱼肚皮做的“煨脐门”；用长鱼尾做的“炝虎尾”；用鱼段去骨填笋制成“偷梁换柱”；用鱼肉敲薄做皮包馅的“长鱼饺”，更有炸酥鱼、炒鳝糊、爆鳝、长鱼圆、长鱼签等。至于长鱼脑、长鱼肠、长鱼血、长鱼皮、长鱼骨、长鱼脸颊的肉，都能做出菜品。真可谓：物尽其用，味尽其美。

鳝鱼同甲鱼一样，都要吃新鲜的，死的会产生毒素，对人体有害不可食用。鳝鱼不光味美好吃，而且具有一种独到的特性，非常有意思。首先鳝鱼是雌雄一体，生出来都是雌性，长大了产卵繁殖下一代。可是它慢慢长到一定程度，体内会发生变化而自然转为雄性。所以要想区别鳝鱼雌雄，只须看个头大小即可。另外，鳝鱼好静，在南方鱼店里买回来的鳝鱼，回家养在缸里就会发现，鳝鱼头都会朝天一动不动，整整齐齐地睡大觉，直到睡死为止。所以南方人在养鳝鱼时都要放一些泥鳅，皆因泥鳅贼滑，稍有动静就会乱钻乱游，这样也就打扰了鳝鱼的清梦，使鳝鱼不至于睡死。

制作方法

主料 活鳝鱼 750 克（选用大的）

配料 冬笋、水发冬菇、鸡蛋清

调料 油、料酒、精盐、胡椒粉、醋、淀粉、清汤、香油

1. 将鳝鱼去骨再切5厘米长、0.3厘米粗的丝，冬笋、水发冬菇均切成4厘米长的细丝。用鸡蛋清、干淀粉、精盐将鳝丝抓匀上浆。
2. 炒锅置中火上，放入油烧至五成热，下鳝丝用筷子划散，倒入漏勺沥油。
3. 炒锅内留油 20 克，烧至八成热后下笋丝、冬菇丝煸炒一会，再下鳝丝烹料酒合炒，然后将醋、酱油、湿淀粉、清汤兑成的芡汁倒入锅内，翻炒均匀盛入盘中，撒上胡椒粉并淋入香油后装盘即成。

菜品特点：

鳝丝鲜嫩，鲜香爽滑。

鳝面

原文 熬鳝成卤，加面再滚。此杭州法。

把鳝鱼熬成卤汁再加面条去煮，这是杭州人制面的方法，着实与众不同。这样烧出的面，鲜咸合一、软滑细嫩、面条入味、汤浓味厚，而且百面百味、回味无穷。

鳝面现在依然是杭州地方风味名小吃，以杭州奎元馆最负盛名。传说清朝同治六年恰逢州试，考生云集杭州赶考。皆因面馆老板怜悯一穷困书生，特意在面底放了三只囫囵蛋，恭祝能“连中三元”之意。不料这位秀才真的连中“三元”！为了报答面馆老板的厚意，他再次来到小面馆，为面馆题赠招牌，并书写了匾额“奎元馆”。自此，小面食铺有了进士亲笔题的招牌，从此蜚声杭州，生意日益兴隆。直到现在，许多考生在高考之前，都要特地到奎元馆吃面，借以沾沾状元的福气。

爆鳝面是杭州奎元馆的看家镇店名面，已有一百多年历史了。据传清同治年间，钱塘一带盛产鳝鱼，奎元馆借机推出爆鳝面。鳝鱼规定要有大拇指粗，每斤5条左右。这样大小的鳝鱼，肉厚质嫩、现卖现烧，面条内加入虾仁，就是闻名中外的杭州名面“虾爆鳝面”。

此鳝面筋道有咬劲，得力于传统工艺“坐面”。早年间是选用无锡头号面粉由专人制作，用手工将面擀上劲后，还得垫上一根碗口粗、9尺长的竹杠，再用人工坐压在竹杠上反复压半个小时左右。“坐面”有烧而不糊、韧而滑口等特点，且可放至半日而不坨，而被视为一绝。

制作方法

主料 面条、鳝鱼

调料 酱油、黄酒、白糖、猪油（炼制）、菜油、香油、小葱、姜

❶ 鳝鱼选用拇指粗的活鳝，去除内脏洗净，下锅汆熟后划去背脊骨，成两侧肉相连的双排鳝片（俗称“双背”）。

❷ 将经过多次轧制而成的面条，放入沸水中煮至七八成熟，捞出用冷水过凉，放入漏勺中，沥去水分即成面结。

❸ 炒锅置旺火上，下菜油烧至八成热时，投入鳝片段，炸至鳝鱼皮起小泡脆熟时，倒入漏勺沥去余油；炒锅置旺火上，下猪油投入葱姜末煸香，放入鳝片，加酱油、酒、糖及少许肉汤，烧入味后放香油盛起。

❹ 锅中放肉汤，置旺火上烧沸后撇去浮沫，加酱油、猪油，滗入鳝鱼卤汁，放入面结，烧至汤浓时盛入碗中，面上覆盖鳝鱼片。

菜品特点：

选料精细，烹调讲究，鳝汁煮面，汤浓面滑。素油爆、荤油炒、香油浇，面条柔滑不坨，鳝脆油润清香。

段鳝

原文 切鳝以寸为段，照煨鳗法煨之，或先用油炙，使坚，再以冬瓜、鲜笋、香蕈作配，微用酱水，重用姜汁。

在扬州、淮安的餐桌上，鳝鱼是常见的佳肴。其处理方法主要分为生杀放血和开水汆杀不放血两种。生杀的做法有：生炒蝴蝶片、大烧马鞍桥、炖生敲、虾爆鳝、砂锅鳝筒等；而汆杀的有：软兜、鳝糊、炝虎尾、脆鳝、鳝丝羹等。淮扬的厨师能用鳝鱼做出全鳝席，号称一百零八样，常见为三十六品。煎、炸、炝、拌、烹、炒、炖、烧，极尽厨艺手段之能事，口味自然也是名不虚传。

袁枚对南京制鳝有些异议，认为“南京厨者辄制鳝为炭，殊不可解”。这纯粹是因为他喜欢吃那种嫩滑口感的，认为只有这样才不会失其原味。“制鳝为炭”的说法，大概指的就是制作过程中的“爆炒”和“炸干”了，其制作方法更接近于南京菜里的“炖生敲”。实际这种制法在南京叫炸焦回软，南京炖生敲被誉为传统京苏菜的杰作之一。著名学者吴白陶先生品尝炖生敲后题诗曰：“若论香酥醇厚味，金陵独擅炖生敲。”

淮扬菜特别讲究炖、焖、煨、焐，并以此而见长。南京名厨在制作炖生敲时尤其注重炖功，特别强调对于火候的把握。火过一分则肉老，欠一分则汤寡。如火工不到，则清汤寡水，口味淡薄；火工足时，则汤汁浓醇、香酥可口，待炖到汤汁浓醇、香酥软糯时方为成功。此菜上席，色泽金黄、富有韧性、口感醇厚、鲜香异常，投箸夹起，两端下垂而不断，食之酥烂入味且到口即化，食来别具滋味。

制作方法

主料 鳝鱼 400 克

配料 五花肉

调料 八角、蒜、葱、姜、糖、料酒、老抽、胡椒

❶ 把黄鳝收拾干净以后，剁去头尾切成 5 厘米长段；五花肉切成 1 厘米厚和鳝鱼等长的片，分别用开水汆透，捞出控净水分，姜切块。

❷ 炒勺上火，把大蒜瓣用热油炸成金黄色后捞起沥油。留底油，随即投入葱、姜煸香，把五花肉放入稍煸一下，将料酒烹入，加进酱油，待肉上色后，加糖和适量的水，把肉用小火焖至三四成熟，再加入鳝段、大蒜继续小火焖 50 ~ 60 分钟，全烂时加盐，改用旺火收浓汁，最后淋入香油拌匀便成。

菜品特点：

色泽金黄，汤汁浓醇，香酥软糯，入口即化。

白玉虾圆

原文 虾圆照鱼圆法。鸡汤煨之，干炒亦可。大概捶虾时不宜过细，恐失真味。鱼圆亦然。或竟剥夺虾肉，以紫菜拌之，亦佳。

做虾圆并不复杂。虾仁洗净后控净水分，然后用刀背将虾敲成虾茸，放入葱姜汁、料酒、淀粉、适量盐等搅打上劲。虾圆不宜太大，一般剁虾肉时不用过细，以免失去真味。当然传统的做法还要加入猪肥膘、荸荠碎等，目的是改变虾圆的口感。虾肉富含蛋白质，加入猪肥肉膘与虾肉同斩，虾圆会更加滋润腴嫩；加入荸荠碎，是因为荸荠碎久烹不烂并有脆感。虾圆入油锅炸熟，切不能入水锅氽熟。做好后再用鸡汤煨煮，也可以把虾圆干炒，亦可配紫菜拌或做汤。因虾圆白嫩亦叫白玉虾圆，其肉质肥嫩鲜美，老幼皆宜备受青睐。虾肉历来被认为既是美味，又是滋补壮阳之妙品。

虾圆的吃法很多，在扬州有道“烧杂烩”，就是用虾圆、鱼圆、肉圆、发肉皮、熟鹌鹑蛋、水发木耳、水发金针菜、熟冬笋等烧制而成。与袁枚所著《随园食单》同期的《调鼎集》里面，也有“虾圆”的记载。其制法和《随园食单》如出一辙，并罗列有其他的吃法，如：烩虾圆、炸虾圆、烹虾圆、醉虾圆、酿虾圆、虾圆羹等 。

由此不免使笔者想起了“蟹黄虾圆”这道菜，其具体做法是：在锅内加适量猪油，下葱姜汁、料酒、蟹黄炒制，出锅晾凉冻块后切丁备用，虾取肉制茸，加盐、味精、蛋清、淀粉搅上劲，加少量猪油拌匀制成球状，将蟹黄冻包入虾球中，入三成热油中养熟，然后入高汤中调味、勾芡、淋明油，放芥菜点缀即成。此法将蟹黄与虾圆融合在一起，虾圆粉红晶莹、鲜嫩爽滑，蟹黄油润鲜美，足以甚称至味。

制作方法

主料 鲜河虾 1250 克

配料 熟肥膘、马蹄、鸡蛋清

调料 盐、绍酒、姜汁、生粉

1. 将虾剥壳洗净，沥干水分，将虾肉塌成粗粒状，熟肥膘剁碎，马蹄拍碎。
2. 把塌好的虾粒置容器中，加盐、酒、姜汁调匀，然后放入肥膘、蛋清、马蹄搅打成虾茸待用。
3. 炒锅上火烧热放油，油温一成时，将虾茸挤成小丸子放入锅内，然后用小火养煨透，待虾圆慢慢浮起时即可捞出。
4. 锅中放鸡汤沸后加调料，放入虾圆待锅略开，勾芡炒之出勺即可。

菜品特点：

色白如玉，鲜嫩爽脆。

煎虾饼

原文 以虾捶烂，团而煎之，即为虾饼。

煎虾饼是用去壳虾肉剁成茸泥，加配料打匀煎成圆形小饼。肉色雪白、外衣金黄、滋味鲜美。《随园食单》收录的，除此煎虾饼以外，在“点心单”中还有一道“虾饼”。此二者虽然叫法相同，但在制作方法上却有三点不同之处。

首先，“点心单”中的“虾饼”使用生虾肉，加入葱、盐、花椒、甜酒少许，加水与面粉和匀，最后用香油炸透。“虾饼”加入面粉是道点心，而“煎虾饼”不加面粉则是道菜。

其次，从烹调方法上也有不同，“点心单”中的“虾饼”是用“炸”法，“无鳞单”中的“虾饼”是用“煎”法。煎法要用微火、少油，把主料两面煎黄并使之成熟的方法；它不同于使用旺火多油的炸类菜，其成品不焦、不脆，而是酥、软的口感。

其三，“点心单”中，制作“虾饼”所用虾肉是整粒的，成品可见大虾仁。而“煎虾饼”则是把虾肉制成泥茸。制茸全国皆有，只是叫法不同。北京称之为“腻”、山东称之为“泥”、广州称之为“胶”、河南称之为“糊”、四川称之为“惨”，南京的传统叫法为“缔子”。

缔类菜肴的制作古已有之，制作煎虾饼要把虾茸、肥膘肉茸细剁均匀，煎饼时的油温不宜过高，否则容易外焦内生影响口感。煎虾饼现为淮扬名菜，经常作为筵席当中必不可少的一道美味。金陵还有一道名菜“水晶虾饼”，其制作方法与煎虾饼基本相同，只是将煎改为蒸，成菜色泽洁白、虾嫩味鲜。

制作方法

主料 鲜虾仁 400 克

配料 熟肥膘 75 克、鸡蛋清 2 个

调料 火腿、荸荠、盐、绍酒、葱末、姜汁、花椒粉、素油

1. 将虾仁、肥膘肉洗净后沥水，剁成茸状，葱、姜洗净后捣成汁水，火腿、荸荠、洗净切成末待用。
2. 将虾仁茸、肥膘肉茸、荸荠末装入碗内，加入料酒、葱姜汁水、精盐、蛋清和淀粉，充分搅拌均匀。
3. 将平底锅置于火上，放少许油，将虾茸挤成圆球形放入，用铲压扁成饼，撒上火腿末，以中火煎至虾肉成熟，两面金黄时起锅装盘。

菜品特点：

鲜香袭人，软嫩爽口。

醉虾

原文 带壳用酒炙黄捞起，加清酱、米醋煨之，用碗闷之。临食放盘中，其壳俱酥。

虾有淡水虾和海水虾之分。淡水虾俗称“河虾”，虽说个头没有海虾粗壮，但味道比海虾鲜美。生吃的醉虾非河虾莫属！醉虾又叫“炝虾”或“呛虾”，“炝”与“呛”，虽一字之差却是两种不同的醉法。带“火”为之炝，熟食。如袁枚的“醉虾”之法。

无“火”为之“呛”，生食。选个头匀称的鲜活河虾；用高度白酒或陈年花雕，酒量以盖过虾身为度，器皿则用有盖的透明玻璃制品。佐料有姜末、白糖、盐、酱油、醋等等。食客有云：河虾“呛”酒，醉生梦死。

江南是鱼米之乡，杭嘉湖一带喜食醉虾者甚多。“醉虾”又称“虾生”，其制作精细，被视为奇珍异馔，极受人们的喜爱。醉虾滑爽，只需上下牙齿轻轻一挤，鲜嫩的虾肉便滑到舌尖，那瞬间的感觉实在是美妙之极。不过，更能引起人们兴致的，还是那一只只似“醉”不“醒”的虾，稍不留神就会从碗中蹦起，或从筷子尖上“飞”走。

要说起来，这吃醉虾是需要技术的。虾壳狼藉一堆，必为新手；老饕食虾其形完整，几乎不着牙痕。吃醉虾最好是两三好友对酌，三杯两盏琼浆入肚，这时的虾正是醉得恰到好处，既有酒香，又有虾之鲜香，可谓是妙趣横生。

不过另外提醒大家，醉虾虽美却不宜多食。古人告诫曰：“多食发风动疾。生食尤甚，病人忌之。”由此可知，须当谨慎！

制作方法

主料 大活河虾400克

调料 酱油、米醋、花雕酒、姜末、糖、高度白酒

1. 活虾洗净后沥净水分，入锅中加高度白酒炒变色，捞起待用。
2. 将炙好的虾入放在碗中加酱油、米醋、花雕酒、姜末、糖，调好味盖上盖子，吃时取出即可。

菜品特点：

虾肉先炙后醉，肉质鲜美，口感饱满，回味悠长。

捶虾

原文 炒虾照炒鱼法，可用韭配。或加冬腌芥菜，则不可用韭矣。有捶扁其尾单炒者，亦觉新异。

捶虾又名“敲虾”，此制作方法奇特，虾捶扁了单炒倒也新鲜。所用捶法，是将鱼、肉、虾等以木棰敲得飞薄。其吃法也是多种多样，既可氽，又可炸。

虾去头壳留尾叫凤尾虾，将凤尾虾片开，用盐、酒、胡椒等腌渍入味，沾上干粉用棰敲得如纸般厚薄，入水一氽，晶莹剔透，吃起来爽脆劲道。烧此菜时汤汁宜多些，或干脆做成汤菜。

做捶虾用淡水虾最好。虾有淡水、海水（即咸水虾）两类。淡水虾有：青虾、河虾、草虾、白虾等，海虾有：对虾、明虾、琵琶虾、龙虾等。基围虾属淡水育种、以海水围基养殖，区别于前面所说的两个种类。虾的品质不同，口感和味道亦不相同；各有先天资质，如人天生禀赋一般。

蟹以笼养为好，虾以湖生最佳。捶虾要选中等大小的河虾，实在没有河虾，可用青虾或白虾代替，但绝不能用基围虾。基围虾带皮灼之为上，取虾仁肉质反而发面，不及河虾肉脆嫩。

先码味后再用木棰捶打，要蘸玉米淀粉，万不可用生粉，因为生粉发硬。飞水后再滑油，这样会使虾片筋道，且晶莹透亮。此菜烹饪方法为烩制，芡汁要稀不可太稠，汤汁宜多，油要少放。

捶虾制法奇特，后人多有演绎。笔者曾经在杭州品尝过“龙井捶虾”，颇有随园遗风。

制作方法

主料 河虾 400 克

配料 小油菜心

调料 盐、料酒、高汤、淀粉、油、葱、姜丝

① 将虾去头、去壳留尾，用刀在背部片开去掉沙线，洗净后先用盐、料酒少许码底味。油菜剥成小菜心，葱、姜切丝备用。

② 将入好味的虾蘸上淀粉，用木棰轻轻捶成薄片，越薄越好，这样做使虾晶莹剔透。

③ 锅中放水沸后，放入虾片略氽捞出，锅中放油把氽过水的虾片滑一下，倒入漏勺控净油。锅中留少许底油放小菜心、葱、姜煸炒，烹入料酒，下高汤烧沸后加盐调味，把虾片放入，沸后用水淀粉勾芡，炒匀即可。

菜品特点：

虾片洁白，虾尾鲜红，在绿色小菜心衬托下更显得晶莹剔透，入口筋道弹牙。

蟹羹

原文 剥蟹为羹，即用原汤煨之，不加鸡汁，独用为妙。见俗厨从中加鸭舌，或鱼翅，或海参者，徒夺其味，而惹其腥恶，劣极矣！

秋风起，蟹脚痒；菊花开，闻蟹来。当今虽说一年四季皆有蟹吃，但只有在秋天才是吃蟹的最好季节。特别是"大闸蟹"，又名"中华绒螯蟹"。其肉质细嫩、膏似凝脂，且味道鲜美，实乃蟹中上品。

自古秋天谓之"蟹秋"，赏菊、品蟹为金秋一大美事。清初名士李渔一生嗜蟹，自称"蟹奴"。他曾言道："蟹之鲜而肥，甘而腻，白似玉而黄似金，已造色香味三者至极，更无一物可以上之。"

那么蟹到底是一种什么味道呢？其实就像墨分五色，琴具七音一样。蟹自古就有"四味"之说，大腿肉丝短纤细，味同干贝；小腿肉，丝长细嫩，美如银鱼；蟹身肉，洁白晶莹，胜似白鱼；而蟹黄之美，更是妙不可言、无法比喻。蟹子晒干以后，则又是另外的一道美味。

蟹羹用煮蟹原汤烩制成羹，只加些盐、姜调味，味道鲜美至极。制作此菜有两个关键，首先要用原汤。因为每一样东西都有自己独特的味道，是不能混杂在一起的。作为厨师和善于烧菜的人，应多备锅、灶、盂、钵等必备工具，使每种食物呈现各自的特性。喜好美食的人，可以接连不断地品尝到美味，自然心情也会变得更加愉悦。

其二由于蟹味浓重，只宜独用，不可搭配其他。这在袁枚《随园食单》中的"独用须知"里面，有着明确的说明。

制作方法

主料 大闸蟹 750 克

配料 马蹄、鸡蛋

调料 盐、绍酒、姜汁、醋、生粉、胡椒粉、素油

1. 将蟹洗净泥沙，放锅中加水、酒、姜片煮熟捞出，煮蟹原汤过滤留用。
2. 将煮好的蟹剥壳取肉，蟹黄、蟹肉要分别存放，马蹄切小薄片。鸡蛋打碎搅匀。
3. 炒锅上火，放油烧至三成热时下蟹黄煸香，随后加入煮蟹原汤，再放入蟹肉和马蹄片，加酒、姜汁、胡椒、盐等调料，烧沸后打去浮沫调味，用水淀粉勾芡，将鸡蛋液淋入，要边淋边慢慢搅拌均匀，最后放醋少许，即可出锅盛入小碗上桌。

菜品特点：

蟹羹色泽鲜艳，黄白相间，原汁原味，鲜润无比。

杨兰坡明府蒸蟹

原文 将蟹剥壳，取肉、取黄，仍置壳中，放五六只在生鸡蛋上蒸之。上桌时完然一蟹，惟去爪脚。比炒蟹粉觉有新色。杨兰坡明府，以南瓜肉拌蟹，颇奇。

杨兰坡为粤东知府，袁枚与其交情莫逆。乾隆甲辰年，袁枚应堂弟袁树之约来粤东，由此得以与杨兰坡老友相见。杨兰坡亦是嗜吃之人，每日变换花样招待袁枚。其中有道“剥壳蒸蟹”，因其制作方法颇为奇特，袁枚很是赞赏。

其具体制法是将蟹剥去蟹壳，取出蟹肉和蟹黄，加少许盐和南瓜粒用鸡蛋打匀以后，仍然放置在蟹壳之中，然后将蟹壳码放在五六只生鸡蛋上，用笼屉蒸熟。上桌时完如一蟹，惟去爪脚。目前这种菜式已经发展成为各式的酿蟹斗，频繁地出现在高档宴会上。

国人食蟹历史悠久，民间更有“敢做第一个吃螃蟹的人”之语。这就不免使笔者想起早年在江苏昆山的巴城镇，听到有关“第一个吃螃蟹之人”的传说。

相传阳澄湖有一种硬壳八足的“夹人虫”非常厉害，此时正赶上大禹到江南治水，派壮士巴解督工。恰逢“夹人虫”大规模侵扰，严重妨碍工程。巴解于是想出一法，在城边掘条围沟，里面灌进沸水，“夹人虫”袭来纷纷跌入沟中烫毙。被烫死的“夹人虫”浑身通红，且发出一股诱人的鲜香味道。巴解好奇地把一只“夹人虫”的硬壳掰开，顿时浓香扑鼻！于是便大着胆子咬了一口，其味道竟然鲜美异常。大家一见，纷纷抢而食之。从此以后，这些曾被人畏惧的“夹人虫”，一下变成了家喻户晓的美食。大家为了感激这位敢为天下先的巴解，就用解字下面加个虫字，正式将“夹人虫”称之为“蟹”！也就是说，是巴解征服了夹人虫，成为天下第一食蟹人。

制作方法

主料 大蟹 10 只

配料 南瓜 200 克、鸡蛋 6 只

调料 盐、绍酒、姜汁

1. 蟹洗刷干净煮熟捞出，掰下爪、钳，剥开蟹壳剔出蟹黄、蟹肉，然后把蟹斗洗净待用。
2. 将蟹黄、蟹肉放入碗中，加入姜汁、盐调味，加鸡蛋液搅匀，南瓜去皮切小粒备用。
3. 将调好味的蟹糊放入蟹斗，撒上南瓜粒，上笼蒸 7 分钟，切勿蒸过火，待蛋液刚刚凝固时，取出装盘。

菜品特点：

味道极鲜，无以比拟。

韭菜炒蛤蜊

原文 韭，荤物也。专取韭白，加虾米炒之便佳。或用鲜蚬亦可，蚬亦可，肉亦可。

韭菜又叫懒人菜、长生韭、壮阳草，属百合科多年生草本植物，有一种特殊强烈气味。爱吃者视之仙味，不爱吃者嗤之以鼻。韭菜在我国的栽培历史悠久，已有3000年以上的历史。在两千多年前的汉代，就可以利用温室技术栽培韭菜，而到了北宋时期已有韭黄生产。要说古人造字非常有意思，这“韭”字，“一”代表的是平整的土地，“非”是韭菜露出地面的部分。取名“韭”还有长“久”的意思，因为韭菜被割了以后还会长，就好像永远也割不完。吃韭菜最讲究季节，有“春食则香，夏食则臭”之说。初春时的韭菜最好吃，秋天的就差一些，夏天的味道最差，口感也尽失鲜味。俗话说“六月韭，驴不瞅！”臭韭菜连驴都不吃。

韭菜的吃法有很多种，可以炒、拌，也可做配料。韭菜是做馅的主角，也可以洗净切段，拌上食盐花椒直接腌着生吃。鸡蛋炒韭菜、虾仁炒韭菜是最常见的家常菜，其用料简单、省时省力，且营养丰富。韭菜的鲜绿色配上鸡蛋的黄色，亦或配上虾仁的粉白色，可以说是色香味俱佳。韭菜和海鲜放在一起炒也是很好的搭配，用鲜虾亦可、蚬亦可、肉亦可。剥蛤蜊肉加韭菜炒，其味道更加鲜美。

但无论怎么做，炒韭菜切忌放葱！因二者犯相，同用会产生非常不好的味道。不信就试试把韭菜与葱混合，搁置一天就会发出难闻的恶臭味。再一点就是要快速翻炒，烹饪谚语云：“生葱熟蒜、半熟韭菜”。炒韭菜就要半生不熟才好吃，太熟则就塌了，且味道尽失。

制作方法

主料 蛤蜊

配料 韭菜

调料 盐、胡椒粉、姜丝、油

1. 蛤蜊去壳取肉洗净，用布搌干水分，韭菜择洗干净切段备用。
2. 锅中放油至四成热，下姜丝炒香，放蛤蜊肉、韭菜，加盐、料酒快速翻炒出锅。

菜品特点：

蛤蜊肉嫩味鲜，韭菜清香可口。

车螯炒肉片

原文 先将五花肉切片，用作料闷烂。将车螯洗净，麻油炒仍将肉片连卤烹之。秋油要重些，方得有味。加豆腐亦可。车螯从扬州来，虑坏则取壳中肉，置猪油中，可以远行。有晒为干者，亦佳。入鸡汤烹之，味在蛏干之上。捶烂车螯作饼，如虾饼样，煎吃加作料亦佳。

车螯生海中，是大蛤，又叫蜃。传说此物会吐气吹泡，如多了会变换形成景色，简称蜃景，人们在平静的海面、大江江面、湖面、雪原、沙漠或戈壁等地方，偶尔会在空中或地下看到高大楼台、城廓、树木等幻景，古人归因是蛤蜊之属的蜃，吐气而成楼台城廓，由此得名，就是我们常说的海市蜃楼。

实际这种说法古人已经否定，明朝陆容《菽园杂记》说：“蜃气楼台之说，出天官书，其来远矣。或以蜃为大蛤，月令所谓雉入大海为蜃是也。或以为蛇所化。海中此物固多有之。然海滨之地，未尝见有楼台之状。惟登州海市，世传道之，疑以为蜃气所致。苏长公海市诗序谓其尝出于春夏，岁晚不复见，公祷于海神之庙，明日见焉。是又以为可祷，则非蜃气矣。”

车螯属软体斧足纲，壳色紫，璀灿如玉，有斑点，栖息于浅海海边，以浮游性藻类为食；其肉可食。《本草图经》载：车螯之紫者，海人亦谓之紫贝。近世治痈疽方中多用，其壳煅为灰敷疮。南海、北海皆有之，采无时。人亦食其肉，云味咸平无毒，似蛤蜊而肉坚硬不及。亦可解酒毒。北中者壳粗不堪用也。因车螯属蛤的一种，民间亦将麻蛤代替，其法可炒食，可拌食，可氽汤、可加豆腐煨炖，亦可捶烂车螯作饼。但不论如何加工应注意，必须用鲜活的，不能用死的。在煮食前，用清水将外壳洗擦干净，并浸养在清水中7–8小时，这样体内的泥、沙及其他脏东西就会吐出来。过敏体质者，痛风人群慎用。

制作方法

主料 五花肉

配料 车螯肉

调料 料酒、酱油、盐、葱、姜、香油

1. 先将五花肉切片，加酱油作料焖烂。
2. 将车螯洗净，用麻油炒变色后，将肉片连卤放入烹之即可。

菜品特点：

两鲜合一，风味独特。

煎车螯饼

原文 先将五花肉切片，用作料闷烂。将砗螯洗净，麻油炒，仍将肉片连卤烹之。秋油要重些，方得有味。加豆腐亦可。砗螯从扬州来，虑坏则取壳中肉，置猪油中，可以远行。有晒为干者，亦佳。入鸡汤烹之，味在蛏干之上。捶烂砗螯作饼，如虾饼样，煎吃加作料亦佳。

砗螯，简写车螯，又名蛼螯。因“蛼”字过于生僻，现代辞书均不收录，通常以“砗”或“车”字替代。砗螯又称文蛤，是蛤蜊家族中的一员。文蛤在黄海和渤海的沿海海滩均有出产，品质以南黄海出产的为最佳。文蛤自古即为海味珍品，其味鲜而不腻，百食不厌。《酉阳杂俎》载“隋帝嗜蛤，所食必兼蛤味，数逾数千万矣。”宋代仁宗皇帝赵祯把砗螯更是视为珍味，认为鸡、豚、鱼虾皆不能与砗螯比美。

将砗螯（文蛤）制作成的菜肴，深受美食家们的欢迎。乾隆下江南吃砗螯，御封它为“天下第一鲜”！砗螯的吃法多种多样，如“荷包鱼”中填塞的“瓤料”，就用砗螯做成的馅。或者如同熬螃蟹油一样，将砗螯煎熬成砗螯油，随后添加入菜肴中，方便灵活，可大大增加菜肴的鲜美度。《随园食单》所载“砗螯”一文中，如实介绍了三种制作砗螯的方法，其中包括“五花肉焖砗螯”、“鸡汤砗螯干”和“砗螯饼”。

砗螯饼现已成为江苏南通地区著名的小吃，不过当地叫文蛤饼。当地有“吃了文蛤饼，百味都失灵”的说法。此饼内容也较比过去发展了许多，以蛤肉、去皮荸荠、丝瓜等脆性蔬菜，以及猪后腿肉、熟肥膘肉、鸡蛋加葱姜末、绍酒、精盐、味精等和成面团，做成一只只金钱般大小的饼。用猪油煎熟，再加肉骨汤和绍酒稍焖后揭去锅盖，待蒸汽逸散淋上麻油，煎成两面黄而成。此饼主副料混成一团，吃进嘴里只觉得鲜美无比，既当小吃又可以佐餐下酒，是一道营养丰富的佳肴美味。

制作方法

主料 鲜砗螯

配料 五花肉、马蹄、鸡蛋

调料 盐、酱油、绍酒、姜末、葱末、面粉、麻油

1. 鲜砗螯放在竹篮内，在水中顺一个方向搅动，洗净泥沙，滤水后用刀背捶烂，放入盆内。
2. 猪肉肥瘦搭配一起剁茸，把荸荠用刀拍碎，然后放入蛤肉盆内，再加入姜葱末、精盐、料酒，打入鸡蛋，放面粉拌匀成饼料。
3. 锅烧热，抹少量食油润锅，将捏成的文蛤饼坯放入锅中，煎至两面金黄，烹入高汤和料酒，略焖后揭锅盖，淋上麻油即可。

菜品特点：

色泽金黄，形似金钱，软嫩清香，肥而不腻，鲜美异常。

程泽弓鸡汤煨蛏干

原文 程泽弓商人家制蛏干，用冷水泡一日，滚水煮两日，撤汤五次。一寸之干，发开有二寸，如鲜蛏一般，才入鸡汤煨之。扬州人学之，俱不能及。

蛏子，生活在沿海泥中，贝壳脆薄呈长扁方形，自壳顶腹缘有一道斜行的凹沟，故名缢蛏。其肉味鲜美、价格便宜，是一种大众化的海产品。蛏子最常见的一种叫“长竹蛏”，两壳形似长竹筒，因此而得名。山东黄县龙口等地称为“海指甲”，海阳则叫它为“鲜子”，是夏天佐酒的佳肴。

蛏干又名蛏子干，是竹蛏的干制品。肉味鲜香、营养丰富，蛋白质含量很高。蛏干分为生蛏干和熟蛏干，熟蛏干是经过剥壳、清洗、煮熟、烘干而成的。其肉质较厚、香醇鲜美最，最适合煲汤。熟蛏干也可以直接吃，放在嘴里慢慢咀嚼，香香甜甜的味道让人回味无穷。生蛏干未经煮过，只是剥壳、洗净后直接烘干的。生蛏干须泡发后制菜，可做蛏干炒蛋、蛏干煲汤、蛏干烧肉等菜肴。

袁枚在扬州时，有一次去徽商程泽弓家拜望，席间尝到一款“鸡汤煨蛏干”，甚觉新奇。此菜是用蛏子干以冷水泡一天，再用滚水煮两日，期间换汤五次，使蛏干就像鲜蛏一样，然后加入鸡汤煨煮。

后来有很多扬州人也按照这个方法烹制。但是不知为何，做出来的“鸡汤煨蛏干”与袁枚所记差之千里。

其实这也是有窍门的，无论制作哪道菜，不是对照着菜谱就能做出那个味道的。这里面既要有高超的技艺，又要有真传实授，同时更要掌握好火候的运用，主料、辅料、配料、调料正确投放的先后顺序，这几大要素无论缺少哪一样，都是万万不可的。

制作方法

主料 蛏子干

调料 鸡汤、葱、姜、料酒、盐、醋、胡椒粉

❶ 先将蛏子干用冷水泡一天，使其回软并去净杂质，用滚水煮两日，中途换水五次以便除去异味，待蛏子干充分涨发如鲜蛏一般，备用。

❷ 锅中放油煸香葱、姜后下鸡汤烧沸，再下蛏子煨半小时，加入料酒、盐、醋、胡椒粉调味煨透，起锅前捞出葱姜，即可装盘。

菜品特点：

鸡汤鲜香浓郁、蛏干柔韧可口。

何春巢蛏汤豆腐

原文 烹蛏法与砗螯同。单炒亦可。何春巢家蛏汤豆腐之炒，竟成绝品。

何春巢，名琪，字承燕，杭州钱塘人。隐居不仕雅好花竹，尤其最爱梅花。在他的庭院中，种满了各式各样的梅花，并经常请人画他与梅花的行乐图，且自题诗云："卖花叟，担花走。卖得铜钱复沽酒，花儿卖罢担儿丢，卖赋还如卖花否？"

据《定庵诗话》载，"春巢于金陵市上得一砚，背镌刘慈一绝云：'一寸干将切紫泥，专诸门巷日初西；如何轧轧鸣机手，割遍端州十里溪。'亦有跋云。请袁枚品鉴，确宝八砚斋二娘所制，二娘识砚，都是砚石。二娘只将鞋尖轻轻一点，已知道石质的优劣。那鞋尖锐如菱角，细如芦管，拨弄这些石料，如宜僚弄丸一般，大夏都称之为绝技。"袁枚遂将刘、何二人一诗一词，载入《随园诗话》。

何春巢与袁枚是多年挚友，并且也好美食。二人经常小聚酌饮，畅谈诗画、品评人生。《随园诗话补遗》卷四中记载："何春巢向余云：沙竹屿，如皋寒士，性孤傲不群，应试不售，遂弃书远游，足迹遍天下。"除此以外，袁枚曾在何春巢家小聚时，品尝到一款"蛏汤豆腐"，大为赞叹，称此菜妙不可言。

这道菜之所以被袁枚所推崇，关键是蛏子的鲜味，使豆腐及蛏汤达到了极致。在我国东南沿海一带有很多滩涂，皆盛产蛏子。由于常年有大量淡水注入，使浸泡滩涂的海水咸淡适宜。滩涂多以泥沙为主，其中天然饵料丰富，因而使蛏子生长极快，且个体肥大、肉质细嫩、色白味鲜。

制作方法

主料 鲜蛏 500 克

配料 嫩豆腐

调料 盐、绍酒、姜、葱、素油、胡椒粉

1. 鲜蛏去壳，洗净细沙，置容器内放酒腌渍以去腥气，豆腐切三角薄片用沸水烫去豆腥气后待用。
2. 炒锅上火放油，烧四成热放葱、姜爆香锅底，放蛏子煸炒几下，烹入绍酒，加水沸后去浮沫，到入砂锅上火煨煮。
3. 待煨至蛏肉酥透、汤呈白色时，把烫过的豆腐放入继续煨煮，待豆腐浮起后，加盐和葱花调味，最后撒入胡椒粉即可。

菜品特点：

汤鲜、蛏肥、豆腐香，品上一碗暖胃肠。

瓜姜炒水鸡

原文 水鸡去身用腿，先用油灼之，加秋油、甜酒、瓜、姜起锅。或拆肉炒之，味与鸡相似。

水鸡一词来自《汉书·司马相如传》中“烦鹜庸渠”四字。唐朝颜师古注释云：“庸渠，即今之水鸡也。”越地方言（温州方言）中，指放养在水中的鸭，与放养在陆地的鸭相对，同时也是虎纹蛙的别称。

虎纹蛙，又名水鸡、田鸡、青鸡，在我国南方俗名“石梆”。其体态魁梧壮实、鸣声似犬，属于水栖蛙类，是水生青蛙中的一种。

虎纹蛙因常分布于低海拔稻田，加上其肉质细嫩胜似鸡肉，故而称田鸡。不过虎纹蛙才是真正意义上的田鸡，与我们现在常见的稻田蛙（注：田鸡）不是一回事。

明朝李时珍在其《本草纲目》中载有：“南人食之，呼为田鸡，云肉味如鸡也”。蛙肉香嫩可口，在餐桌上是一道不可多得的美味。水鸡的做法也很多，可炒、可爆、可火锅。其中以炒制的种类为最多，有：生炒、熟炒、生熟炒、滑炒、清炒、干炒、抓炒、软炒等。袁枚用的就是生炒之法。

生炒也叫做火边炒，基本特点是：主料不论是植物性还是动物性的，必须是生的！而且不挂糊上浆。先将主料放入沸油锅中，炒至五六成熟，再放入配料，配料易熟的可迟放，不易熟的可与主料一起放入，然后调味并迅速颠翻几下，断生即好。

这种炒法汤汁很少，原料本来鲜嫩，翻炒几下使原料炒透即可出锅。生炒的关键是“热锅凉油、旺火急炒”，成菜不能出汤。动作一定要快！生炒法多适用童子鸡、鹌鹑、田鸡、猪肝、鸡米等细嫩原料，和新鲜蔬菜等。

制作方法

主料 水鸡 750 克

配料 酱瓜、酱姜

调料 酱油、盐、甜酒、糖、葱、生粉、麻油、素油

1. 水鸡剥皮，去内脏洗净，斩去身，只用两腿，除去爪斩成两段，放容器里加酱油、绍酒腌渍片刻。
2. 酱瓜、酱姜切厚片，小葱切段。
3. 炒锅上火加油烧热，将腌过的水鸡放入，用旺火煸炒变色后，放入酱瓜、酱姜继续煸炒，放调料加少许汤，炒匀勾芡，加小葱段，淋入麻油翻炒几下，起锅装盘。

菜品特点：

以酱瓜配水鸡，配搭新颖、酱香浓郁，风味独特。

茶叶蛋

原文 鸡蛋百个，用盐一两，粗茶叶煮两枝线香为度。如蛋五十个，只用五钱盐，照数加减。可作点心。

茶叶蛋作为民间小食，虽难登大雅之堂，但无论哪个阶层之人，都非常喜欢这口美味。在南方民间的闾里巷中，街道店铺门口的小炉灶上，用小火慢炖着，默默地飘出的香味勾人食欲。真正好的茶叶蛋，表面酱褐曲纹清晰，犹如一枚纹理错综优美的卵形雨花石，细嚼慢咽，茶香、蛋香和咸香，深至蛋黄；悠悠在舌尖上，让人齿颊滋香，是金陵最著名的风味小食之一，可作点心待客。

虽说煮茶叶蛋说起来很简单，但是要煮得清香入味，可就得花点功夫了。清代美食家袁枚在《随园食单》中，详细记录了茶叶蛋的制作过程，这可能是最早、最系统地介绍茶叶蛋的制作方法了。袁枚在书中这样写道：“一次煮一百颗茶叶蛋，需用盐一两，加上粗茶叶，煮上两枝线香烧尽。”而在“火候须知”一篇中又写道：“有愈煮愈嫩者：如腰子、鸡蛋之类是也。”

中国古代没有钟表，通常都以敬香为时，一天十二个时辰，每一个时辰敬香一炷。据此推算，袁枚所写“两枝线香”的时间便是四个小时。笔者曾亲自动手做实验，将十六个鸡蛋用小火煮，每隔一个小时拿出四个分别盛放。最后进行品尝比较，发现果然是煮了四个小时的茶叶蛋味道最为香浓。难怪南方小巷子里的茶叶蛋好吃呢。由于火候足，自然入味壳松。蛋白花纹天成、卤汁香味渗透、蛋黄酥糯紧细，隔户便闻其香，由此可见一枚上好的茶鸡蛋，是要吃足了功夫的。

制作方法

主料 鸡蛋

调料 粗茶叶、盐

① 鸡蛋一百个，冷水下锅煮 10 分钟捞出晾至不烫手，将鸡蛋敲至壳有裂纹；锅中盐、粗茶叶适量同煮 4 小时左右。如晚上煮焖到第二天早上吃，非常的香和入味。

菜品特点：

茶蛋酱褐色、曲纹清晰，茶香、蛋香、咸香融为一体。

杂素菜单

菜有荤素，犹衣有表里也。富贵之人嗜素甚于嗜荤。作《素菜单》。

蒋侍郎豆腐

原文 豆腐两面去皮，每块切成十六片，晾干，用猪油熬，清烟起才下豆腐，略洒盐花一撮，翻身后，用好甜酒一茶杯，大虾米一百二十个；如无大虾米，用小虾米三百个；先将虾米滚泡一个时辰，秋油一小杯，再滚一回，加糖一撮，再滚一回，用细葱半寸许长，一百二十段，缓缓起锅。

豆腐是地道的中国食品。自从淮南王刘安在炼丹时发明了豆腐，这道菜一直流传在中国人的餐桌上。中国菜系既多，且菜品繁杂，往往令人在选菜的时候挑花双眼。但是细细想来，在诸多菜品当中，唯有豆腐百吃不厌。不管是贩夫走卒，还是豪门富贾，大多是不会拒绝豆腐的。

袁枚就最爱吃豆腐，在整部《随园食单》中，他说得最多的便是豆腐。这其中包括：蒋侍郎豆腐、杨中丞豆腐、张恺豆腐、庆元豆腐、芙蓉豆腐、王太守八宝豆腐、冻豆腐、虾油豆腐等等。

“侍郎”是古时的官名，跟“宫保”如出一辙。清朝时期，侍郎为从二品官，乃各部尚书中堂的直接手下副职。

话说，某日袁枚应邀去了蒋侍郎家中做客。酒过三巡、菜过五味，面颊微红的蒋侍郎向美食家袁枚炫耀自己的厨艺，亲自做了一道豆腐菜。岂料，袁枚尝后赞不绝口。定要蒋侍郎传授技艺。蒋侍郎本意显摆厨艺，不想袁枚会有如此反应。便故意为难道：“古人不为五斗米折腰，若要我教授豆腐技巧，必得三折腰。”谁知话音未落，袁枚已恭恭敬敬地向蒋行礼了。于是，袁枚顺利得到秘方，回家试行后发现果然美味无差。至此，遂将这道菜命名为“蒋侍郎豆腐”。

制作方法

主料 豆腐500克

配料 大海米

调料 盐、糖、甜酒、酱油、小葱段、熟猪油

1. 把豆腐去皮切成骨牌厚片，切好后晾去水气。海米用热水泡发，留汤待用。
2. 锅中放熟猪油烧至五成热后，略撒点盐，放入豆腐，煎至两面金黄取出待用。
3. 另起锅放油下姜末、大海米，倒入泡海米原汤，放甜酒一茶杯，把豆腐放入，加酱油、盐、糖和适量清水，用小火煨煮、勾芡，撒上小葱段，炒匀出勺装盘。

菜品特点：

色泽金黄，黄而不焦，香而不腻。

张恺豆腐

原文 将虾米捣碎，入豆腐中，起油锅，加作料干炒。

传说豆腐是淮南王刘安发明的，当年他潜心炼丹求寿，谁知炼丹不成，却将豆浆与石膏化合成芳香诱人、白白嫩嫩的“豆腐”，而留下“一人得道，鸡犬升天”的典故。许多名人都喜食豆腐，乾隆帝高寿89岁，据笔者分析可能与爱吃豆腐有关。

据清代御膳档案中载：乾隆所食豆腐在百种以上，每膳必食豆腐，有时还亲自传方，如鸭丁炒豆腐、鸡肝炖豆腐、什锦豆腐、清拌豆腐等。苏东坡不仅是诗人也是一位美食家，人们耳熟能详的就有“东坡肉”、“东坡豆腐”等。袁枚曾说过：“豆腐得味，远胜燕窝。”可见豆腐味道之美。

《随园食单》中记录最多的也是豆腐，与名人相关的就有“蒋侍郎豆腐”、“杨中丞豆腐”、“王太守八宝豆腐”、“程立万豆腐”、“庆元豆腐”、“张恺豆腐”等。张恺是何人，无从考证，但留下豆腐使他名传千古。这款豆腐有点像官府菜中的干烂豆腐，制法不同的是加入了海米末。

豆腐有老嫩，做此菜宜用老豆腐为好。炒豆腐时，要掌握适当火候。如火太旺、油太热，豆腐就会炒糊，这时可将锅端到微火上炒，等油温下降，再端到旺火上继续炒，并淋一点油。如此随炒随放油，使油慢慢地浸入豆腐中。

制作方法

主料 豆腐一块

配料 海米 50 克

调料 姜末、葱米、荤油

1. 将海米泡发后捣碎，豆腐去老边弄碎。
2. 炒锅上火烧热后放荤油，烧至六七成热后放入海米末和豆腐，用手勺翻搅捣碎搅炒。
3. 待豆腐已成碎末，水分慢慢炒干呈金黄色时，放入葱末、姜末、精盐，再炒 2 分钟，最后加入少许香油炒匀即成。

菜品特点：

成菜色泽金黄，味道干香，柔软可口。

王太守八宝豆腐

原文 用嫩片切粉碎，加香蕈屑、蘑菇屑、松子仁屑、瓜子仁屑、鸡屑、火腿屑，同入浓鸡汁中，炒滚起锅。用腐脑亦可。用瓢不用箸。孟亭太守云：『此圣祖师赐徐健庵尚书方也。尚书取方时，御膳房费一千两。』太守之祖楼村先生，为尚书门生，故得之。

此菜原是清宫御膳，据说康熙在位时十分喜欢食用质地较熟、口味鲜美的菜肴。清宫御厨便经常用鸡、鸭、鱼、肉去骨制成菜肴，以供其享用。一次，御厨用优质黄豆制成的嫩豆腐，加猪肉末、鸡肉末、虾仁末、火腿末、香菇末、蘑菇末、瓜子仁末、松子仁末，用鸡汤烩煮成羹状的菜肴。康熙品尝后，感到豆腐细嫩，口味异常鲜美，极为满意。

尚书徐建庵告老还乡，圣祖康熙皇帝念其功劳，御赐御用八宝豆腐一品，并且言道："朕有日用豆腐一品，与寻常不同，因尚书是有年纪之人，可令御厨太监授与厨子，为后半世受用。"徐阁老第二天差人去取，御膳房不给，阁老只好身穿朝服手捧圣旨，奉上千两银票才得此方。回家后举目观看，真不愧皇家大内御用之品。此菜用嫩豆腐加鸡蛋清配以八宝炒制而成。八宝者：香蕈、蘑菇、虾仁、干贝、松子仁、瓜子、鸡肉、火腿入鸡汁内同炒。此菜用腐脑亦可，吃时用瓢不用箸。

徐阁老拿到此膳配方视为珍宝，日日享用。那这个配方又怎么会到了袁枚之手的呢？原来袁枚好友王孟亭太守之祖父楼村先生，是徐尚书门生，徐阁老故去时将膳方赠与楼村先生，几经流传到王孟亭太守之府，太守与袁枚私交深厚，子才故得此方。后来袁枚将此方收录在《随园食单》中，流传至今。

制作方法

主料 嫩豆腐 400 克

配料 水冬菇、蘑菇、松子仁、瓜子仁、熟火腿、熟鸡脯

调料 盐、绍酒、鸡汤、生粉、熟猪油

1. 豆腐去老皮，碾成细茸。
2. 将荤、素配料切成碎末，火腿切茸，分别放入盘中待用。
3. 炒锅上火放入鸡汤加调料调味，将豆腐放入烧沸，微微勾点薄芡，加入熟猪油，然后先下荤配料，用手勺推炒均匀，再放素配料推炒，最后放干果碎，继续用勺推炒均匀，出勺装入窝盘，撒上火腿末即可。

菜品特点：

洁白细嫩，滑润如脂，滋味鲜美。

程立万豆腐

原文　乾隆廿三年，同金寿门在扬州程立万家食煎豆腐，精绝无双。其腐两面黄干，无丝毫卤汁，微有砗螯鲜味，然盘中并无砗螯及他杂物也。次日告查宣门，查曰：『我能之！我当特请。』已而，同杭堇莆同食于查家，则上箸大笑，乃纯是鸡、雀脑为之，并非真豆腐，肥腻难耐矣。其费十倍于程，而味远不及也。惜其时余以妹丧急归，不及向程求方。程逾年亡。至今悔之。仍存其名，以俟再访。

袁枚懂吃、会吃、知味，每次吃到可口的饭菜都记下来，然后让家厨去他家拜师学艺当徒弟，并把这些菜经过试验保留下来。

乾隆二十三年，袁枚和金寿门在扬州盐商程立万家，吃了一道菜煎豆腐，那真精妙绝伦，再无第二。豆腐煎得两面黄干，没有一点点卤汁，微微带一点砗螯的味道，但盘中并没有砗螯和其他食材。

后来袁枚把这件事告诉了查宣门，查宣门说："这容易，我会做，哪天做好了请你尝一尝。"不久还真约袁子才过府尝菜，袁枚与好友杭董莆一起来到查家。开始还故弄玄虚，等酒过三巡、菜过五味之后，此菜终于上桌。众人拿筷子一尝，顿时逗得大家哈哈大笑。原来他所作的豆腐，用的全是鸡雀脑子，并不是真的豆腐，肥腻得使人难以忍受。这道菜的造价，也比程家豆腐要高出十倍不止，而其味道却与程家豆腐有着天壤之别。问其出处？原来是从京都大内御厨房得来的，原名"凤凰脑子"。最为遗憾的是，查宣门只学了些皮毛，并未得到此菜的制法真谛。只可惜当时家人急报袁枚三妹袁素文突然病逝，袁枚急于奔丧而来不及向程立万请教此菜的制作方法，程立万第二年也去世了。幸好又有机会尝到此菜！原来此菜用的是撇翅之法（即用鱼翅等贵重食材制菜），上桌时把主料鱼翅撇去，而吃的是配料！程立万用砗螯肉煎豆腐，熟后捡去砗螯肉不用，只吃豆腐，所以食用时有砗螯之味而不见砗螯。没办法，有钱人就这么任性。

制作方法

主料　豆腐 300 克

配料　砗螯

调料　高汤、盐、油

1. 砗螯取肉洗静切片，豆腐切片煎制两面金黄。
2. 将豆腐和砗螯肉一起下锅，加入高汤、盐㸆入味，将豆腐取出在炭火上略烘即可。

菜品特点：

色泽黄润，味道鲜美、细品微有砗螯之味。

松菌蒿菜

原文 取蒿尖，用油灼瘪，放鸡汤中滚之，起时加松菌百枚。

蓬蒿菜为菊科植物，又名茼蒿、蒿菜、同蒿菜、义菜、鹅菜、艾菜等。由于它的花很像野菊，所以又叫菊花菜。在中国古代，茼蒿为宫廷佳肴，所以又叫皇帝菜。茼蒿的茎和叶可以同食，有蒿之清气、菊之甘香，一般营养成分无所不备，尤其胡萝卜素的含量超过一般蔬菜。据李时珍《本草纲目》记载："每年九月份下种，冬季及下一年春季采食茎叶肥嫩，微有蒿气，故名茼蒿。花深黄色，状如小菊花。"茼蒿的根、茎、叶、花都可作药材使用，有清血、养心、降压、润肺、清痰的功效。

蓬蒿菜，很多人听着都会觉得陌生，其实蓬蒿菜是南方人的叫法，我们北方人平常一般都是叫茼蒿菜的。茼蒿的品种依叶片大小，分为大叶茼蒿和小叶茼蒿两类。大叶茼蒿又称板叶茼蒿，叶片大而肥厚，蒿茎节密短粗，适宜南方地区栽培。小叶茼蒿又称花叶茼蒿、细叶茼蒿。其叶狭小，蒿茎较细，主茎发达，北京人称其为蒿子秆儿。大叶茼蒿与细叶茼蒿，尤其是蒿子秆儿的味道和品质都不一样。

此菜制法独具一格，用料只取蒿菜嫩尖，其余废弃他用。先以热油将其灼瘪，放入鸡汤小火煨之，然后放入松菌。松菌至鲜，放在任何菜中都能增加鲜味，发制松菌要洗净泥沙，以汤蒸制，会使其鲜嫩味醇。松菌之浓香与鸡汤之鲜香匹配，最是绝妙的组合，把蓬蒿菜自然推向极致。

制作方法

主料 蓬蒿菜500克

配料 松菌

调料 鸡汤、盐

1. 蓬蒿菜取嫩尖，用油炸瘪去掉水气。
2. 鲜松菌洗净。
3. 锅中放汤，沸后调味，放入蓬蒿菜、松菌煮入味即可。

菜品特点：

半汤半菜，气味芬芳。

陶方伯家制葛仙米

原文 将米细检淘净，煮米烂，用鸡汤、火腿汤煨。临上时，要只见米，不见鸡肉、火腿搀和才佳。此物陶方伯家，制之最精。

葛洪，字稚川，号抱朴子。丹阳人，东晋道教学者、著名炼丹家、医药学家。三国方士葛玄之侄孙，世称葛仙翁。他曾受封为关内侯，后隐居罗浮山炼丹。葛洪曾在杭州西湖之北，宝石山东面结庐修道炼丹，此地故而得名葛岭。岭上有抱朴道院，现尚存炼丹台、炼丹井、初阳台等道教名胜及古迹。岭巅初阳台，是晨观日出最佳之地，著名的钱塘十景之中的“葛岭朝暾”就是此处。

相传葛洪在隐居南土时，灾荒之年采以为食，偶获健体之功能。后来葛洪入朝以此献给皇上，体弱太子食后病除体壮，皇上为感谢葛洪之功，随将“天仙米”赐名“葛仙米”，并沿称至今。

葛仙米，并不是谷类。之所以称之为“米”，是因为其形状像米粒一样，采集干燥后颗粒圆形，煮熟后比米粒大。葛仙米别名地耳、地踏菇、鼻涕肉、地踏菜、天仙菜、天仙米、地软、地衣、地木耳、地皮菜、地捡皮等，颜色蓝绿，颗粒圆润玲珑剔透，可与珍珠媲美。

葛仙米十分稀少，我国目前的主要分布是湖南与湖北交界一带，如张家界、石门及鹤峰等地区，是宴席上的珍稀佳肴，堪称中国一绝、世界珍稀。从东晋到晚清，都是御膳房的珍品，比发菜还要珍贵稀有。在许多高档酒店里秘而不宣，其又被称为绿色燕窝。

制作方法

主料 葛仙米 40 克

调料 盐、鸡汤、火腿汤

1. 将葛仙米细拣干净，再用水淘洗干净。
2. 容器中放水把葛仙米泡透捞出。
3. 锅中放鸡汤、火腿汤用小火煨至软烂汁浓即可。

菜品特点：

色艳味美，滋补清神，养精补气。

素烧鹅

原文 煮烂山药，切寸为段，腐皮包，入油煎之，加秋油、酒、糖、瓜、姜，以色红为度。

素烧鹅这道菜，过去本来是杭州寺庙中的斋菜，因其味道独特，是一道很不错的素食。最初的制作方法，是以上锅蒸后烟熏而成，后来才改为现在的素油煎炸。其色泽黄亮、鲜甜香软，切块食用形似烧鹅，所以叫素烧鹅。数百年来深受人们喜爱，后经历代名厨改良、演变，最后终成浙江传统素菜。

说到“素”自然就会联想到“斋”，“素”与“斋”原本不是一码事。吃“素”是指普通人日常饮食中不吃动物性食物，而吃“斋”，则指的是佛家弟子的修持行为。国人食素，源于魏晋南北朝时期梁武帝萧衍，秉承佛教思想，并亲撰《断酒肉文》开始。

“斋”是佛家弟子在中午以前所进的食物，除不许吃动物性食物外，还包括“五荤”(即：大蒜、葱、韭菜、兰葱、兴渠)。佛教认为午后应禁食，否则容易昏沉，难以清静身心。

随着当时佛教的迅速发展，吃“斋”也就成为汉地佛教徒所持守的戒律。吃“斋”与吃“素”，这在当时是人们崇尚的一种生活方式。

素烧鹅就有多种制法，有带馅的，有不带馅的。香菇、笋干、香肠、百灵菇、胡萝卜都能入馅，如包上糯米又成为杭州的另一道名吃“糯米素烧鹅”，且口味有甜有咸。素烧鹅通常是做成素卤凉菜或小吃，但《随园食单》上记载的却是热菜！而且包入山药做馅心，配与酱瓜、酱姜提味，使此菜的口味独具一格。

制作方法

主料 豆腐皮4张

配料 山药、酱瓜、姜

调料 酱油、绍酒、糖、生粉、麻油

1. 山药洗净，煮烂去皮，剖两片拍扁待用。
2. 豆腐皮去边筋，用干净湿布焐软，放案子上，放入山药包起呈长条状，用面糊封口成素鹅生坯。
3. 取煎锅放少许油，把素鹅放入煎至两面金黄，取出改刀，然后再放入锅中，加酱油、绍酒、糖、酱瓜、酱姜粒，用少许汤略烧，把入味的烧鹅取出摆盘，锅中余汁勾薄芡，淋入香油，浇在素鹅上即可。

菜品特点：

色泽金黄，鲜甜味浓，清香醇美，柔滑可口。

春笋芹芽

原文 芹，素物也，愈肥愈妙。取白根炒之，加笋，以熟为度。今人有以炒肉者，清浊不伦。不熟者，虽脆无味。或生拌野鸡，又当别论。

芹菜，属伞形科植物。有水芹、旱芹、西芹、香芹等多种，其功能具有药、食二性。一般药用是以旱芹为佳。旱芹香气较浓，俗称“药芹”。与水芹、西芹、香芹等食用芹不是一个品种。

芹菜具有平肝清热、祛风利湿、除烦消肿、凉血止血、解毒宣肺、健胃利血、清肠利便、润肺止咳、降低血压、健脑镇静等功效。常吃芹菜，尤其是吃芹菜叶，对预防高血压、动脉硬化等皆十分有益，并有辅助治疗的作用。

芹属素菜，取其芹白加笋烹炒，下酒最是妙不可言。尤其是在山林田圃中，现采摘下来的鲜芹才能得其至味。然而芹菜最为珍贵的地方则是鲜芹的嫩芽！这在宋代以前就有，曾有诗为证：“紫青莼菜卷荷香，玉雪芹芽拔薤长。自撷溪毛充晚供，短篷风雨宿横塘。”可见当时是用冬雪掩盖下的芹菜嫩芽做菜，想来必是清淡鲜美、香脆利口。

《红楼梦》的作者曹雪芹，又号芹圃、芹溪居士。据考证，“雪芹”，即取自前人“园父初挑雪底芹”的诗句。雪芹好芹，曾做一菜名为“雪底芹芽”，以斑鸠和芹菜做成。斑鸠体型似鸽，栖于平原和山地的林间。其肉鲜嫩、爽滑味美，与芹芽同炒，颜色鲜艳，衬以“雪底”，三色分明，色、香、味、形俱佳。因此以鲜芹入菜可荤可素，但炒制时最重火候，以刚刚断生为佳。火轻不熟虽脆无味，火重则老容易塞牙。

遍查清宫档案，在《膳底档》中，有“宣威火腿与芹黄、冬笋对镶一品”的记载。其中“芹黄”，就是芹菜当中的嫩心。

制作方法

主料 芹菜 500 克

配料 春笋

调料 盐、油

1. 选嫩芹菜去筋切条，春笋去皮煮熟，去草酸生涩味切条。
2. 锅中放油、葱、姜炝锅，放入芹菜、春笋，加盐用旺火快速翻炒成熟，出锅即可装盘。

菜品特点：

白绿相间，清脆爽口。

鸡丝豆芽菜

原文 豆芽柔脆，余颇爱之。炒须熟烂。作料之味，才能融洽。可配燕窝，以柔配柔，以白配白故也。然以极贱而陪极贵，人多嗤之。不知惟巢、由正可陪尧、舜耳。

豆芽，又名巧芽、豆芽菜、如意菜、掐菜、银芽、银针、银苗等。豆芽被《神农本草经》称为“大豆黄卷”。中国发明制作豆芽，据史料记载约有两千多年的历史，最早是以黑豆作为原料。

豆芽虽不值钱，却可登大雅之堂。据传乾隆来曲阜祭孔，诸事已毕正午传膳，但于劳顿食之甚少。一旁陪膳的衍圣公很是着急，传话让家厨想辙。恰巧这时有人送来一筐鲜豆芽，家厨于是用一把豆芽加几粒花椒爆炒，而后奉至御前。乾隆不明就里执箸浅尝，顿觉清香爽脆，于是竟然大快朵颐。从此，“爆炒豆芽”就成了孔府的传统名菜。但由于这种制法过于简单，有失孔府美食的风范，所以孔府家厨就对此菜加以改进。先将豆芽的头尾掐去，取中间的豆莛部分用细竹签穿空，在其中塞入火腿肉丝等料后进行烹调，其细腻程度之高，非一般菜式所能与之比拟。

仓山居士最喜豆芽的柔脆，完整的豆芽称之为“毛菜”，去根带芽名唤“如意”，掐去根芽两端奉作“银芽”亦或“银针”。

制作豆芽必须炒透，讲究要入汤融味概无豆腥。常言道：“豆芽虽贱可配燕窝！”也就是说豆芽虽价廉但却冰清玉洁，以柔配柔、以白衬白，正好搭配燕窝。这就和做人的道理一样。只有巢由这样品德贵重的隐士高人，才配佐伴唐尧虞舜之类的贤君明主。这就叫做相得益彰！

制作方法

主料 绿豆芽 500 克

配料 鸡脯肉、韭菜

调料 精盐、姜、花椒、醋、香油

1. 鸡脯肉拷后切成丝，绿豆芽掐去两头，韭菜洗净切成寸段。
2. 将香油烧热，加入花椒炸糊后捞出，再入姜末，稍煸后放入鸡丝、豆芽菜，烹入食醋、味精、精盐快速翻炒，至豆芽菜无生味时，放入韭菜炒匀出锅装盘。

菜品特点：

色泽淡雅，清脆可口。

春笋马兰头

原文 马兰头菜，摘取嫩者，醋合笋拌食。油腻后食之，可以醒脾。

清袁枚《随园诗话补遗》卷四载："汪研香司马摄上海县篆，临去，同官饯别江浒。村童以马拦头献。某守备赋诗云：'欲识村童攀恋意，村童争献马拦头。'马拦头者，野菜名。京师所谓'十家香'也。用之赠行篇，便尔有情。"

马拦头，即马兰，又名马兰菊、竹节草、红梗菜、鸡儿肠，原是野生种，生于路边、田野、山坡上。关于马拦头这个名称的由来，有一种说法很有意思。据说马兰头长在路上，清香扑鼻。古人出行骑马，马儿被其吸引，大快朵颐，滞足不前，"马拦头"的说法便由此产生。

马兰头，在古代曾被文人指为恶草，汉代东方朔的《七谏·沉江》说："蓬艾入御床第兮，马兰踔而日加。"把蓬蒿、萧艾和马兰统统喻为佞谄嚣张的恶人。既然是恶草，当然就没有人肯去吃；直至明李时珍作《本草纲目》记载："马兰头能散血消肿，利筋滑胎，解毒通麻，"这才为马兰真正地平了反昭了雪。然而经李时珍翻案后的马兰仍然仅仅是一味草药而已，尚未被大众接受为菜蔬。真正被广泛当作美味野菜，大概是在明末清初以后。

"马兰头"叶子碧绿，时呈紫红，嫩嫩的，带清香味儿，开紫花，马兰头也是中国大江南北皆生长的野菜。头者，首也，顾名思义，意味着要吃这种野菜的顶端嫩芽。农历二三月份的马兰最为鲜嫩。这个时节，气温渐渐回升，马兰头开始长出嫩芽，野外田头就有人开始挖马兰了。在江南一带我们会把这个动作叫做"挑"。挑马兰不会像挖荠菜一样连根挖出，一般准备一把剪刀剪去顶端嫩芽，这样马兰还能继续生长。袁枚曾讲："马兰头，摘取嫩者，醋合笋拌食，油腻后食之，可以醒脾。"

制作方法

主料 马兰头 200 克

配料 春笋

调料 食盐、香油、醋

1. 将春笋和马兰头分别焯水。
2. 混合在一起，加入盐、适量的香油和少量醋，也可以按照自己的喜好再放点其他的调味料拌匀。

菜品特点：

清香爽口，味道咸鲜。

黄芽菜煨火腿

原文 白菜炒食，或笋煨亦可。火腿片煨、鸡汤煨俱可。

白菜，古名菘，学名叫“中国芸薹”。北方出产的最好，为冬季北方人的当家菜品。白菜有青口、白口之分，可炒食、笋煨、醋熘等，亦可用火腿加鸡汤煨之。一熟便吃，迟则色味俱变。亦有将大白菜放入地窖储存的，由于不见天日，白菜日久就会长出苗叶，皆嫩黄色，且脆美无滓，谓之“黄芽菜”。

黄芽菜煨火腿是一款汤菜，成菜乍看如清水泡着几棵白菜心，寡淡无味不见油星。但吃在嘴里，却清香爽口无比。既然是汤菜，关键在于吊汤。常言道：“唱戏的腔，厨师的汤。”一名出色的厨师，非常看重汤的制作。

清汤乃高汤中极品，其用母鸡、鸭子、火腿、干贝、肘子等原料放入汤锅，加足量清水，烧开后打去浮沫，改用小火保持微开不沸的状态，俗称“菊花心”。等慢慢地熬至汤出鲜味，时间最少要在六个小时以上方可。用纱布过滤清汤，然后将净鸡脯肉打成茸，用凉的鲜汤把肉茸搅成浆状，倒入烧开的鲜汤中，这时鲜汤会出现奇妙的景观！汤中的杂质皆争先恐后地吸附在肉茸上，过 10 分钟左右，将球状物捞起弃而不用，如此反复 2 ~ 3 次，直到把汤“清”得如茶水般透澈方为成功。熬制好的高汤要味浓而清，呈淡茶水色，热时高汤清亮如水，凉后成冻，入嘴杀口鲜美无比。

黄芽菜煨火腿即用此汤烹制。此菜汤味浓郁醇厚、明快淡雅、色如茶水、清澈见底；再观其菜色嫩黄、形态完美。嗅之雅香扑鼻，食之柔嫩滑顺，品啜其汤浓醇鲜爽、不油不腻、不淡不薄，大有不似珍肴胜似珍肴之感。

制作方法

主料 黄秧白菜心 500 克

配料 金华火腿

调料 鸡清汤、盐、胡椒粉

❶ 将黄秧白菜心修整齐，放在沸水中焯至刚断生，立即捞入冷开水中漂凉，再捞出用刀修整齐，理顺放在汤碗内，加火腿片、绍酒、胡椒粉、盐、清汤，而后上笼屉用旺火蒸 2 分钟取出，滗去汤后再用清汤过一次。

❷ 炒锅放置旺火上，倒入清汤烧沸后调味，撇去浮沫，轻轻倒入碗内的菜心及火腿即成。

菜品特点：

汤色淡雅，清澈见底，看似朴实无华，但入口香醇爽口，沁人心脾。

芋煨白菜

原文 芋煨极烂，入白菜心，烹之，加酱水调和，家常菜之最佳者。惟白菜须新摘肥嫩者，色青则老，摘久则枯。

芋头名字很多，如芋艿、香芋、土芝、土卵等，古人称它为“蹲鸱”。芋头有两种：旱芋头和水芋头。形状、肉质因品种而异。顾名思义，旱芋头是长在没有水的旱地里，水芋头是长在有水的地方。旱芋头长得很快，杆儿和叶子很小，芋头会个挨个地沿着母体长满四周。水芋头长得很慢，杆儿细长且往上抽尖，其叶片肥大，远看似荷叶。

芋之佳品芋魁，不光个大，因其香味浓郁，故名香芋，又叫魁芋、槟榔芋，以荔浦产的最佳，俗称“荔浦芋头”。其品质远胜于其他地方所产芋头，清朝康熙年间就被列为广西首选贡品，于每年岁末向朝廷进贡。随着电视剧《宰相刘罗锅》的播出，荔浦芋头更是在全国家喻户晓。

《随园食单》所载均为芋艿，即我们食用的小芋头。天南星科植物的地下球茎，称为“芋头”或“母芋”。球形、卵形、椭圆形，或块状等。母芋每节都有一个脑芽，但以中下部节位的腋芽活动力最强。发生第一次分蘖，形成小的球茎称为“子芋”，再从子芋发生“孙芋”，在适宜条件下，可形成曾孙或玄孙芋等。须十月天晴时，将芋子、芋头晒至极干去掉水气，放草中勿使冻伤，来年春天煮食，有一种自然之甘甜。但最好吃的，还是将芋头放灶堂灰内煨熟。扬州有个懒和尚最好此口，一般人他还不告诉哩。

芋艿的食用方法很多，只要烹制得当，都可成为美味佳肴。

制作方法

主 料 芋头 250 克

配 料 白菜

调 料 酱油、葱姜、盐

1. 芋头去皮切块，白菜取心洗净。
2. 锅中鸡汤将芋头煨烂。
3. 放入白菜心略烧，加酱油、盐调味即可。

菜品特点：

色、香、味俱佳，甜、糯、滑兼有。

龚司马问政笋

原文 问政笋，即杭州笋也。徽州人送者，多是淡笋干，只好泡烂切丝，用鸡肉汤煨用。龚司马取秋油煮笋，烘干上桌，徽人食之，惊为异味。余笑其如梦之方醒也。

距徽州府歙县城东数里，有问政山。问政山又名华屏山，因唐代歙州刺史于德晦，在华屏山巅建造了“问政山房”，鞭策自己更好为政，为政清廉，深得乡民拥戴。当地百姓为纪念于德晦的功德，将此山改名“问政山”，问政山所产之笋便被称为“问政笋”。

清代袁枚讲“问政笋，即杭州笋也”，这就让人不明白了，明明问政山在徽州，怎么称之杭州笋了？莫非袁枚写错了？回答是，非也。原来早在南宋时，徽州人在杭州一带做生意的特别多，这些徽州老板，都好吃问政山笋。但此菜对火功要求特别高。笋子放的时间长了，就不是那个味了。为此，每到春笋破土的时候，他们的家人都要起大早把山笋从地里挖上来，然后装船沿新安江而下。在船上，把笋衣剥光，切成块，放在砂锅里用炭火清炖，昼夜行程。船至杭州，打开砂锅，火候刚好。笋子的味道，跟在家里吃的一样。笋的美味，飘到杭州，惊动了皇帝老儿，他一声令下，问政笋成了贡品。久而久之问政笋就成为杭州特产了。

问政笋在所有的笋中最为鲜嫩，荟集了自然雨露之精华，雪霜之灵气，清香之风味。问政笋笋箨红薄，肉乳白，质脆味鲜，嫩度尤佳，掷地即碎，用手指捏掐当即出水。过去交通不方便，除鲜笋送杭州外，徽州人送人者，多是淡笋干。龚司马宴客，取秋油煮笋，然后烘干上桌，很多徽州人吃后，大为惊叹。袁枚抚掌大笑，大家才如梦方醒，原来就是家乡鲜笋用酱油煮后再用炭火烘，味道更加醇厚，入口清脆而筋道，怪不得连原产地的徽州人都惊为异味。

制作方法

主料 问政笋

调料 酱油

1. 将笋去根、皮，削好洗净后放入锅中，加水煮熟捞出，将笋切成条形。
2. 锅中放水加酱油、绍酒、盐，烧开后放入笋煮制入味，捞出控净水。
3. 将煮好的笋放入七成热的油锅炸至发干，捞出备用。
4. 炒锅放香油加入姜末炒出香味，下冬笋、酱油、料酒、胡椒粉、糖，不断翻炒，直至汤将尽即可装盘。

菜品特点：

甘香可口，风味独特。

炒鸡腿蘑菇

原文 蘑菇不止作汤，炒食亦佳。但口蘑最易藏沙，更易受霉，须藏之得法，制之得宜。鸡腿蘑便易收拾，亦复讨好。

中国有句谚语，吃四条腿的不如吃两条腿的，吃两条腿的不如吃一条腿的。“四条腿”指猪、牛、羊等家畜，“两条腿”指鸡、鸭、鹅等禽类。老话说：“宁尝飞禽四两，不吃走兽半斤。”所谓“一条腿”的，就是指蘑菇等菌类食品。食用菌蛋白质含量高，并含有多种维生素，能增强人体对病毒性疾病的免疫作用，所以要多吃一条腿的蘑菇等菌类食品。

但大家可能不知道，虽然蘑菇叫了几百年，实际上蘑和菇是两种食材，蘑是蘑、菇是菇。简单地来说，蘑一般都长在地下，如口蘑、栗蘑、肉蘑等；菇也叫蕈、菌子，在树上或椴木上，如香菇、猴头菇、金针菇、杏鲍菇、草菇等。从品种上来说，菇类要多于蘑类，因二者都是食用菌，长得也差不多，故并称为蘑菇。这就如同翡翠一样，红色为翡、绿色为翠，合在一起叫翡翠。

蘑菇长相各异，有吃秆的如杏鲍菇、茶树菇、金针菇等，有吃伞的如口蘑、香菇、平菇、猴头菇、白灵菇等。鸡腿蘑菇，是属于吃秆又吃伞的那种。鸡腿蘑俗称毛头鬼伞，因其形如鸡腿，肉质、肉味似鸡丝而得名，是我国北方春末、夏秋雨后生长的一种野生食用菌。过去鸡腿菇十分难得，现已人工繁殖成功。鸡腿菇营养丰富、味道鲜美，口感极好，经常食用有助于增进食欲、消化、增强人体免疫力，具有很高的营养价值，被誉为“菌中新秀”。

制作方法

主料 鸡腿蘑

调料 大蒜、姜、白糖、油、盐、鸡汤

1. 鸡腿蘑泡洗净切碎。
2. 锅内放油煸香蒜、姜后放蘑菇，加鸡汤、盐、白糖调味，小火烧成即可。

菜品特点：

软嫩鲜美，味道独特，营养丰富。

猪油煮萝卜

原文 用熟猪油炒萝卜，加虾米煨之，以极熟为度。临起加葱花，色如琥珀。

萝卜在我国种植和食用的历史悠久，可上溯至《诗经》年代。但多数古籍里记载的多为萝卜的药用价值，如陶弘景的《名医别录》、李时珍的《本草纲目》等。至于食用方面，李时珍仅说：“可生可熟，可菹可酱，可豉可醋，可糖可腊可饭。”元人许有香写道：“熟食甘似芋，生吃脆如梨。老病消凝滞，奇功真品题。”

萝卜虽出产于中国本土，但在国人饮馔习俗里，它始终不能登上大雅之堂。在《红楼梦》或《金瓶梅》两大百科全书式的奇书里也不见主人公偶尔食用，但是袁枚在他的《随园食单》里记载“猪油煮萝卜。用熟猪油炒萝卜，加虾米煨之，以极熟为度。临起加葱花，色如琥珀。”这寥寥数语，也就成了烹制萝卜的不二法门。其中开篇“配搭须知”中言道：“烹调之法，何以异焉？凡一物烹成，必需辅佐。要使清者配清，浓者配浓，柔者配柔，刚者配刚，方有和合之妙。”

炒荤菜，用素油；炒素菜，用荤油。萝卜嗜荤，烧萝卜用加黄酒泡过的虾米烧吃，则显其美味，如加大粒干贝则味道更佳！以猪油辅之，吸足了鲜汁的萝卜，软烂入味，好吃无比，味道自然更胜一筹。

制作方法

主料 白萝卜500克

配料 虾米

调料 熟猪油、盐、酱油

1. 将萝卜去节皮切块，用熟猪油炒软。
2. 锅中放高汤，虾米用大火烧开，小火煨烂，出锅时放小葱花。

菜品特点：

味道鲜美，香酥可口。

小菜单

小菜佐食，如府吏胥徒佐六官也。醒脾解浊，全在于斯。作《小菜单》。

拌天目笋丝

原文 天目笋多在苏州发卖。其篓中盖面者最佳，下二寸便搀入老根硬节矣。须出重价，专买其盖面者数十条，如集狐成腋之义。

浙江临安的天目山区，素有江南竹乡之称。由于独特的自然条件，天目山所产的石笋壳薄、肉肥、色白、质嫩，且鲜中带甜，本是杭州名产，被喻为“清鲜盖世”、“蔬中珍品”。

天目笋季节性很强，多以笋干面市。天目笋与天目山云雾茶、昌化山核桃，同称“天目三宝”。自宋朝以来，一直到明朝正德、嘉靖年间，无论是香客还是游人，凡是来到天目山的，无不争相购买，因此天目笋干声誉鹊起，被世人所称道。

天目笋干一般是从“立夏”开始采拗，于月内结束。鲜笋剥净笋壳去除老根，下锅加盐水煮，三至五个小时以后捞出沥净，放置于炭火之上，用慢火烘成青翠黄亮色泽，此为毛坯，又称“直尖”。

将直尖用煮沸的盐水复汤浸软，剪去笋尖烘干即为焙熄。剩下的笋坯用人工揉捻，搓成球形后焙干，再用木棰敲打成扁圆形，即成“扁尖笋”。笋形肥大壮实的称为“肥挺”，纤细而修长的称为“秃挺”，还有“小挺”、“直尖”等。“肥挺”宜作烧肉的配料，“秃挺”、“小挺”可作汤料，“焙熄”是用笋的嫩尖制成，可称为天目笋干中之上品。

天目笋干清鲜味美、翠绿带香，只须加水一煮就是极为好吃的素汤。著名的杭州老鸭汤，就是用老鸭加笋干、火腿、生姜合煮而成。除此以外，笋干还可炒肉、炖鱼和凉拌。

制作方法

主料 天目笋干

调料 盐

1. 将天目笋干泡发，用牙签划成丝。
2. 把笋丝用鸡汤煮软后加调料搅拌。

菜品特点：

清鲜味美，笋嫩香脆。

喇虎酱

原文　秦椒捣烂，和甜酱蒸之，可用虾米搀入。

制作喇虎酱的辣椒，以陕西渭南和宝鸡一带出产的秦椒为最好。辣椒这种东西，其原产地并不是中国而是智利，后来被引种到墨西哥。明朝末年，辣椒通过丝绸之路辗转传入我国以后，首先在陕西、甘肃一带栽培，八百里秦川也就成了它的主产地，于是就有了秦椒这一名称。

秦椒是辣椒中的上品，素有“椒中之王”的美誉。它具有颜色鲜红、香辣味浓、体形纤长、肉厚油大等特点。辣椒的品种也是多种多样，由于产地的不同，再加上水土有别，使得各地出产的辣椒其辣味也是千差万别的。

说完辣椒，咱们再说“酱”。酱在中国的烹饪历史上，同样有着极其重要的位置。古人云：“百味盐为首，美食酱当先！”难怪孔老夫子有“不得其酱不食”之说。

用辣椒和大酱做菜，北方人其实也是颇为讲究的，特别是北京人对于用辣椒和大酱制作的老虎酱与老虎菜，则更是情有独钟。虽然南方人制作的喇虎酱，与北京人做的老虎酱、老虎菜在制作方法上大不一样，但却有着异曲同工之妙。吃的都是那股热汗流淌、酣畅淋漓的感觉。

北方的夏天燥热难耐，在这里居住的人们很容易出现厌食苦夏的现象。所以每到夏天，为了达到开胃的目的，家家户户的北京人无论主食吃什么，都愿意做一碗老虎酱，或拌一大盘老虎菜摆在桌上，大家也必会抢而食之、大快朵颐一番。

制作方法

主　料　秦椒 150 克

配　料　海米 50 克

调　料　甜面酱、香油

1. 秦椒剁碎，海米泡发后剁碎，用甜面酱搅拌均匀。
2. 将拌好的酱调入香油，上笼屉蒸透即可。

菜品特点：

佐食极佳，可做菜肴蘸料佐味，也可单碟上席调节口味。

酱莴苣

原文 食莴苣有二法：新酱者，松脆可爱；或腌之为脯，切片食甚鲜。然必以淡为贵，咸则味恶矣。

莴苣是一种很常见的食用蔬菜，通常可分为叶用和茎用两类。叶用莴苣又称生菜，茎用莴苣又称莴笋、香笋。莴苣的名称很多，在《本草纲目》上，被称作“千金菜”、“莴苣”和“石苣”。我国各地的莴笋栽培面积，比生菜还要多。莴笋的肉质脆嫩，既可生吃、凉拌，又可炒食、干制，亦或腌渍。

按照《随园食单》所记载的莴笋制作方法一般有两种：一种是酱制，用春天的嫩莴笋加甜面酱制作。莴笋酱成以后，还会保持着原有的色嫩鲜脆；另一种是腌制成功以后，在阳光下晒成笋脯，然后切片食用，其味道也是相当地不错。

中国的酱菜可分为北味的与南味的两类。北味的以北京酱菜为代表，口味大多以咸为主。南味的以扬州酱菜为代表，其口味甜中带咸。扬州酱菜历史悠久，问世于汉朝，发展于隋唐，兴盛于明清。清代乾隆年间，即被列入宫廷早晚御膳的小菜。扬州酱菜特点是酱香浓郁，甜咸适中，色泽明亮，外型美观。

在制作酱菜的过程中，无论南方还是北方，其原材料也是多种多样。这其中包括：萝卜、香瓜、莴笋、蒜苗、甘露、莲藕、胡萝卜、辣椒、香菜（芫荽）、黄瓜，乃至花生、核桃、杏仁等，真可谓是五花八门、无不可酱啊！

制作方法

主料 肥大嫩莴笋 3000 克

调料 食盐，甜面酱

1. 把莴笋削去外皮洗净，放置于清毒干净的小缸中，用盐手疾眼快地均匀腌渍，置于阳光底下微晒。
2. 将甜面酱涂抹在莴笋上，重新放入小缸内。酱制 3-4 天后即可食用。

菜品特点：

味道鲜美、酱香味浓，口感可与四川榨菜媲美。

挪菜

原文 取芥心风干、斩碎，腌熟入瓶，号称『挪菜』。

把春芥的芥心取出略微风干，切碎了以后用盐腌得熟透，再放入瓷瓶中保存。随吃随用，这种制作的方法名为“挪菜”。挪菜是当地的方言，就是下酒下饭小菜的意思。而这道菜实际上就是江南的手捏菜。

手捏菜是江浙地区人们常吃的一道菜。由于南方人喜欢腌制的东西，即使是新鲜的菜也要稍稍腌制一下再吃。这是因为腌过的青菜入味，不会水水的，但是仍可保留青菜本身的爽脆口感，同时也更增添了一点点鲜味。尤其是经过处理轻微发酵后的青菜，那一股淡淡的清香，也就成为了手捏菜的一种独特风味。

手捏菜的原料，其实就是平常家里最为普通不过的青菜。顾名思义，手捏菜就是青菜切碎后拌上盐，用手将菜捏匀后再随心所欲地加上一些配料炒制而成的。虽然手捏菜的做法简单，但吃起来的口感却与普通炒青菜完全不同，青菜用盐捏后体积变小，其中既有青菜的鲜味，而又有咸菜的风味。

手捏菜通常用北方人常说的“小油菜”制作，首先将小油菜洗净切碎，加盐抓匀腌制片刻，挤掉过多水分上锅炒制。切记，如果没有把握，在腌制的过程中，盐的使用量宁少勿多，如果将盐放得恰到好处，炒制的过程中就不需要再放任何调味料了。制作这道菜，可以只是原味青菜，也可以根据自己的喜好来添加配料，常见的搭配是毛豆、豆腐、蘑菇、咸肉、笋子、茭白或者鱼片、肉片等。

挪菜是取春芥菜心制成，酒席后上粥品所佐伴的一道小菜。《随园食单》中记载的还有一道菜与它相似，就是将冬菜的菜心取来风干，腌制之后挤出菜中的卤汁，用小瓶装好再用泥封住瓶口，倒放在灰上。此菜冬天做，夏天再吃，虽然其颜色发黄，但闻起来气味浓香，这道菜被袁枚称作“风瘪菜”。

制作方法

主料 春芥心 1000 克

调料 盐

1. 春芥心风干，斩碎。
2. 用盐腌透除去水分，放入瓶罐中保存。

菜品特点：

滑爽味咸，清香爽口。

侯尼蝴蝶萝卜鲞

原文 萝卜取肥大者，酱一二日即吃，甜脆可爱。有侯尼能制为鲞，煎片如蝴蝶，长至丈许，连翩不断，亦一奇也。承恩寺有卖者，用醋为之，以陈为妙。

南京承恩寺曾是一座著名的寺院，其位于南京市城南的三山街，该处原为明代大宦官王瑾的宅邸故居。

王瑾原名陈芜，自从明朝永乐皇帝时，即陪侍在皇太孙朱瞻基（即后来的景泰皇帝）的左右。朱瞻基认为他“忠肝义胆、心迹双清”，即位后对他则更是宠信倚重，并赐名王瑾，恩赏参与军国大事。

王瑾多次蒙受皇封褒奖，积赀累万，于是在闹市区建造巨宅。明景泰二年（公元1451年），王瑾奏请圣上舍宅为寺，景泰皇帝大悦，亲赐御笔匾额“承恩禅寺”以示皇恩浩荡。

从此承恩寺内不仅僧尼众多，而且还成为了明代南都重要的接待场所。明万历二十七年（公元1599年）意大利传教士利玛窦到达南京，就曾在承恩寺内住过一年。清光绪二十六年（公元1900年），承恩寺毁于大火。

说起南京承恩寺，就不能不提当年寺内的一位侯姓师太。老尼师有手绝活，就是擅用萝卜制鲞！

她可把萝卜切片如蝴蝶状，连绵不断长达丈许。其手法在当时绝对的新奇，人们皆称此菜为“侯尼蝴蝶萝卜鲞”。后来有人问其制法，老尼师言道：“取萝卜用醋腌制，腌制的时间愈长味道愈妙。刀法为一刀切下而不切断，然后反过来再切，如此一正一反，展开状如蝴蝶，使一个萝卜能够连绵不断长约丈许。”

此刀法有点现在蓑衣刀法的意思，鲞从字面解释为干，萝卜鲞即萝卜干。故做此菜，要先用盐腌出萝卜本原气味，再用醋、糖腌之，且一定要腌透。腌制时间越长，味道和口感就越好。

制作方法

主料 白萝卜1000克

调料 盐、酱油、白糖、白醋

1. 白萝卜带皮切成蝴蝶片用盐腌半小时，去掉萝卜气后挤干。
2. 放糖腌半小时后挤干水。
3. 酱油7份、白糖2份、白醋1.5份、纯净水7份同调成汁，放入萝卜腌二天即可。

菜品特点：

酸甜咸鲜，入口爽脆。

酱炒三果

原文 核桃、杏仁去皮，榛子不必去皮。先用油炮脆，再下酱，不可太焦。酱之多少，亦须相物而行。

袁枚素来喜好交友，常有各处官僚、四方学士前来拜访，同时也都会带来一些地方土特产。“酱炒三果”这道菜为什么能够在《随园食单》中出现？这是因为来访客礼中，经常会有一些干果，于是袁枚就将那些吃不完的核桃、杏仁、榛子仔细挑选出来制作菜肴。

提起“酱炒三果”这道菜，与宫廷御膳房制作的“四大酱”颇有渊源。想必是在京为官的某位好友，去随园拜望袁枚之时留下的秘方，经袁枚重新增删调整之后，更显其技高一筹。

要说这“酱菜”，应与东北满人的饮食习惯有关。由于东北盛产大豆，东北满族素来就有在家中制作大酱的习俗，日常往往是以生菜蘸生酱佐饭。还有一种说法，是说这与清太祖努尔哈赤南征北战打天下有关。

由于连年征战，加上行军途中长期缺盐，军士们的体力明显下降。为此每到一地，就征集大酱晒成酱坯，每人分发一块作为军中必须保证的给养品之一。野战用餐时，将士们便以酱代菜，或就地挖取野菜蘸酱佐饭。这种以生酱生菜为重要副食的军粮，竟然大大提高了努尔哈赤大军的征战能力，所以后来满清进关入主北京之后，为了不忘祖上创业之艰苦，便立下一条不成文的规矩，就是在宫廷膳食中，常要有一碟生酱和生菜。一直到了清末慈禧太后垂帘听政以后，御膳房的御厨们害怕生酱、生菜吃坏了老佛爷的肚子，于是在不违祖制的前提下，琢磨出了几道用黄豆酱制作的菜肴。这就是后来有名的清宫四大酱菜，即：炒黄瓜酱、炒榛子酱、炒豌豆酱和炒胡萝卜酱。

制作方法

主　料 核桃 200 克、杏仁 200 克、榛子 150 克

调　料 黄酱（调稀），酱油、糖、绍酒、葱末、姜末、味精、鸡精粉、色拉油、湿淀粉、香油

❶ 核桃、杏仁用开水泡过去皮，榛子不去内皮。

❷ 炒勺置于火上放入色拉油，用葱末、姜末爆锅，再放入黄酱炒透，然后再放入核桃、杏仁煸炒；一边煸炒一边放入酱油、绍酒、味精、鸡精粉；最后放入油炸过的榛子仁。炒匀后用湿淀粉勾芡，再淋入香油翻炒均匀，即可装盘。

菜品特点：

色泽深褐，酱香浓郁，滋味鲜酥，口感味厚。

酱石花

原文 将石花洗净入酱中，临吃时再洗。一名麒麟菜。

袁枚在《随园食单》里，有关用酱制作或烹饪食物的记载，共有八种之多，酱肉、酱鸡、酱炒甲鱼、酱炒三果、酱石花、酱姜、酱瓜、酱王瓜，但在制作方法上却大不相同。酱炒甲鱼、酱炒三果，是用酱做调料炒来吃；酱肉、酱鸡、酱石花、酱姜、酱瓜、酱王瓜，是入酱中腌来吃。其中酱姜、酱瓜的用途很广，既可小炒佐食，亦可入菜调味。

石花菜也叫麒麟菜、鸡脚菜，属红藻纲，红翎菜科。藻体呈圆柱或扁平形状，颜色紫红，具刺状或圆锥形突起；市场有一种鹿角菜常与它相混，青岛人管鹿角菜又叫龙须菜，属褐藻门，杉藻科，角叉菜属。其自然分布于大西洋沿岸和我国东南沿海，以及青岛、大连等海域的石崖间。石花菜长约三四寸，紫黄颜色。通常用来打卤，其味道极其鲜美爽滑。

石花菜是中国的一种重要经济海藻，还是提炼琼脂的主要原料。琼脂又叫洋菜、洋粉、石花胶，是一种重要的植物胶，属于纤维类的食物。琼脂可用来制作冷食、果冻或微生物的培养基等。近年来越来越多地应用于医药领域，引起人们的广泛关注。

石花菜泡发后可作凉拌菜，也可独立酱腌。凉拌石花菜是道下酒好菜，凉拌时要添加姜末或姜汁，以缓解其寒性。

制作方法

主料 石花菜

调料 黄酱

1. 将石花菜泡发洗净后沥干水，放入酱内腌。
2. 吃时拿出菜把酱洗掉即可。

菜品特点：

清脆爽口，酱香宜人。

酱石花糕

原文 将石花熬烂作膏，仍用刀划开，色如蜜蜡。

石花菜又名海冻菜、红丝、麒麟菜等，属红藻纲，石花菜科，是红藻类中的一种。石花性味甘、咸、寒，具有润肺化痰、清热软坚之功能。明代“药圣”李时珍在他撰著的《本草纲目》中记载：“（石花菜）功用清热润肺，化痰软坚，用于肺热痰稠、肠炎、痢疾。”据记载，石花全藻皆可药用，能治痰结、瘿瘤、肠炎、痔疮、支气管炎等症。《本草纲目拾遗》记载：“麒麟菜，出海滨石上，亦如琼枝菜之类，琼州府海滨亦产。今人蔬食中多用之，煮食亦酥脆；又可煮化为膏，切片食。”

石花菜适宜凉拌也可酱腌，但不可久煮，否则会溶化，然而厨师恰恰可以利用这一特性制成石花糕。值得一提的是，石花糕是夏季解暑、降火之妙品。它通体透明犹如胶冻，口感爽利脆嫩，既可拌凉菜，又能当成小吃凉粉食用。

用石花菜制作石花糕，首先需仔细剔除其中的砂粒、贝壳碎片等杂物。然后按石花菜干品重量的100倍加入清水，放进洗刷干净无任何油污的锅中，用小火熬煮溶化，经冷却后便凝成石花糕。食用时可用小刀划碎，再加入蜜水或糖水。

制作方法

主料 石花菜50克

❶ 石花菜用清水洗干净，多洗几遍，因为里面的沙子很多。

❷ 放到锅里加上3斤水一起熬，加一汤匙白醋，先大火煮开之后10分钟，再用小火熬一两个小时，仔细观察黏稠度。

❸ 熬好之后，用漏勺垫上纱布，把石花汤通过漏勺倒入盆子里面冷冻成型。

菜品特点：

入口润滑凉爽，美味香甜，食疗兼优。

酱松菌

原文 将清酱同松菌入锅滚熟，收起，加麻油入罐中。可食二日，久则味变。

清吴林《吴蕈谱》载，松蕈生“于松树茂密处，松花飘坠著土生菌，一名珠玉蕈，赭紫色，俗所谓紫糖色是也。卷沿滨桷，味同甘糖，故名糖蕈。黄山、阳山皆有之，惟锦峰山昭明寺左右产之尤甚为佳品”。其中尤以松林中所出松花蕈为翘楚，其味远胜于一般野生蘑菇。

松蕈又名松菌，也就是我们常说的“松茸”。其主要产自云南，附生于松树根边，或松林中的绿苔地上。松菌常年都有，只要气温在二十度以上，松林中便有松菌。尤其是在春秋二季生长最旺，品质也最为上乘。松菌虽味冠山野，但长相却是实在不敢恭维。粗一看像是松树皮，再仔细端详，色泽青灰中还带有一点霉绿，混杂在松林中常人很难辨识。另外采摘松茸也有一定的危险性，一旦混进了一二株毒菌，那可就真要出大事了。

古语云：凡蕈有名色可认者采之，无名者弃之，此虽一乡之物，而四方贤达之士，宦游流寓于吴山者，当接谱而采之，勿轻食也。

《吴中食谱》中也有对于松茸的记载：“寺院素食，多用蕈油、麻油、笋油，偶尔和味，别有胜处。”《随园食单》中经常提到的蕈油，就是用素油与松菌下锅熬制出来的。

松菌采摘不易，收拾起来也挺麻烦。新采下来的鲜松菌里有很多小虫子，得先撕去表层的膜衣，洗净后必须用盐水浸泡三四个小时，然后才能下锅熬油。

松菌虽然味美，不是轻易就可得到的。其品质非一般蘑菇可比，淡然间松香味悠然而至，令人食之难忘。

制作方法

主料 松菌 500 克

调料 酱油、白糖、香油

1. 松菌撕去表层的膜衣洗净，用盐水浸泡三四个小时。
2. 锅中放入酱油、糖，用小火熬制，加入麻油入罐中保存。

菜品特点：

香气扑鼻，鲜美异常。

醋拌海蛰

原文 用嫩海蛰，甜酒味。其光者名为白皮，作丝，酒、醋同拌。

海蜇，俗称为水母、石镜、蜡、樗、蒲鱼等。属钵水母纲，是生活在海中的一种腔肠软体动物。其体形呈半球状，分为海蜇头和海蜇皮两种。上面呈伞状、白色，借以伸缩运动，称为海蜇皮；海蜇头是指水母的触须部位，肉质较厚、营养丰富，一般凉拌食用，海蜇头是海蜇中的精品。

中国是最早食用海蜇的国家，晋代张华所著《博物志》中就有食用海蜇的记载。由于海蜇性平、营养丰富，基本是老少皆宜，诸无所忌。多痰、哮喘、头风、风湿关节炎、高血压、溃疡病、大便燥结的病人更适合多吃海蜇。

海蜇的做法有很多，煮、清炒、水余、油余等均可，切丝凉拌即是一道美食。凉拌海蜇丝，效果更佳且清脆爽口。

《随园食单》中所介绍的制作海蜇之法，有点像现在的老醋蜇头。用新鲜海蜇皮切丝，以酒、醋拌之。但食用新鲜海蜇时要注意，新鲜海蜇有毒，必须用食盐、明矾腌制，浸渍去毒、滤去水分，然后再烹调。一般说来海蜇质量是越陈越好，陈年海蜇质感又脆又嫩。当年的新海蜇，皮老质韧、潮湿柔滑，色泽较为鲜艳发亮；陈海蜇却与此相反。挑选海蜇时，注意不要选风干的，海蜇风干后再用水泡也不能恢复原状，而且发韧变老像皮条似的咬不动、嚼不烂。同时，也不要挑选经雨淋的海蜇，因为它容易腐烂。海蜇头要用热水烫制，水温不宜过高。水温越高，海蜇头收缩越大、排水越多而质地会变得老韧。

制作方法

主料 嫩海蜇皮 150 克

调料 香葱末、生抽、绍酒、老醋、白糖、香油

1. 选用嫩海蜇皮，放清水里浸泡，冲洗干净泥沙，顺着切成丝。葱末放小碗内，花生油入锅烧热，冲入葱末碗内，使葱末发出香味，即成葱油。
2. 容器中放入海蛰注入 80℃的沸水烫一下，立即将沸水倒干，趁热加老醋、生抽、白糖拌匀，再淋入香油、葱油即可。

菜品特点：

口感爽脆，营养丰富，酸中带甜，葱香浓郁。

无黄蛋

原文 混套：将鸡蛋外壳微敲一小洞，将清、黄倒出，去黄用清，加浓鸡卤煨就者拌入，用箸打良久，使之融化，仍装入蛋壳中，上用纸封好，饭锅蒸熟，剥去外壳，仍浑然一鸡卵，此味极鲜。

一只鸡蛋的组成部分，无外乎是蛋清和蛋黄。有的人认为蛋黄有营养，于是只吃蛋黄而不吃蛋清；也有的人嫌蛋黄内含胆固醇太高，就只吃蛋清而不吃蛋黄。其实瞎掰，蛋清与蛋黄各有各的优势，里面的营养成分也大不同。

鸡蛋的制作方法实在是多种多样，不破蛋壳的有：煮鸡蛋、腌鸡蛋、卤鸡蛋；破壳的有：煎鸡蛋、炒鸡蛋、鸡蛋羹；当做主辅料炒菜的有：西红柿炒鸡蛋、鸡蛋炒韭菜、鸡蛋炒黄瓜片等，不一而足。

二百多年前袁枚赴宴，吃到一种名为“混套”的美食，其味道使他老人家念念不忘，并将这道菜收录进《随园食单》中，一直流传到了今天。其实这“混套”的主要食材就是鸡蛋！虽然制作麻烦，但却极为有趣。上桌时浑然一鸡蛋，但切开后却无黄，往徒反客人惊讶不已。真应了世上只有想不到没有做不到的，做此菜选鸡蛋是关键，一定选新鲜的。把下端敲一个小孔，越小越好；大了宜起蜂窝。去黄留清。加入蛋黄等量的鸡汤、猪油、盐又注射入空蛋壳里，再放到米饭上蒸笼上蒸熟，剥出来后仍然是一个完整的蛋，却无蛋黄。质地软嫩，且味道极鲜。

有道是鸡蛋虽然普通，但经过仔细加工雕琢以后，好似丑小鸭自然蜕变成了白天鹅。无黄蛋即是如此。

制作方法

主料 鸡蛋(大)7只

配料 冬菇、干贝、上汤

调料 生粉、盐、鸡油

1. 将鸡蛋洗干净后擦干，在尖头蛋壳上剥开一个小洞，慢慢将蛋清及蛋黄分别倒入两个碗中。把蛋壳内部用清水冲洗干净备用。
2. 将蛋清部分用筷子打散并加入冷鸡汤及盐调匀，然后再灌回每个蛋壳中，用干净桑皮纸盖住蛋壳上的口，插放在一盘米饭上，使其成站立状。
3. 将其放在蒸锅蒸约20分钟至蛋清熟后取出，浸过冷水后小心剥开蛋壳，将每个无黄蛋横切成两半，排列碟中再蒸热一次。
4. 锅里倒入高汤调味，放入无黄蛋，烧好后勾芡，淋少许鸡油即可。

菜品特点：

此菜形同鸡蛋，蛋中无黄，蛋面光滑不破，品质异常鲜嫩。

点心单

梁昭明以点心为小食，郑修嫂劝叔『且点心』，由来旧矣。作《点心单》。

鳗面

原文 大鳗一条蒸烂，拆肉去骨，和入面中，入鸡汤清揉之，擀成面皮，小刀划成细条，入鸡汁、火腿汁、蘑菇汁滚。

鳗鱼的营养价值极高，被称作是水中的软黄金。在中国以及世界很多地方从古至今均被视为滋补、美容的佳品。在我国用鳗鱼制作的鳗面，至今仍在江浙一带广为流传。

袁枚在《随园食单》中，曾介绍了五种面条：鳗面、温面、鳝面、素面和裙带面，做法皆是以高汤煨之，更有两次在文中提到这是扬州人的做法。虽然说面条是北方人的最爱，不管是炸酱面、辣酱面、肉片卤面、海鲜卤面、醋卤面、氽儿面、炒菜面、臊子面、浆水面、酸汤面；也不管是佛道两教的素菜拌面、清真的牛肉面、拉面、扯面、油泼面、凉拌面，但是最精彩的，还要数江南一带的各种细面。

面条古称为“饼”，又称“汤饼”、“煮饼”。西晋束皙所作《束广微集》中，即有“饼赋”一篇。汤饼早在汉代就已经是非常流行的面食了。长期以来它不仅制作方式多样，而且人们在各种节日中，因其寓意吉祥所以视汤饼为常馔，这也就赋予了它非常丰富的文化内涵。比如《荆楚岁时记》上，就有“伏日进汤饼，名为避恶”的记载。《释名疏证补》中，更有“索饼疑即水引饼，今江淮间谓之切面”的记述。

至于“水引饼”，其实就是汤饼的一种制作方法。它是将面团擀成长圆棍状，然后再用手揪成细长面条，放到水里浸泡饧面，稍顷将面条捞出，放入沸水锅中煮成汤面。现在陕西、甘肃交界的偏僻乡村，仍然保留有“水引饼”的制作方法。

制作方法

主料 鳗鱼 1 条 750 克、面粉 2000 克

配料 鸡汤、火腿汁、蘑菇汁

调料 盐、葱、姜

❶ 先将鳗鱼宰杀用热水烫，刮去黏液洗干净，把收拾好的鳗鱼放入盘中加料酒、葱、姜，上蒸锅清蒸 20 分钟，成熟后取出，择去葱、姜，拆去鱼骨备用。

❷ 将鳗鱼肉连汤一起倒入盆中加入面粉，用鸡汤和成面团揉匀，略饧后再揉匀，把面团按扁擀成薄片叠成若干层，用刀切成细面条。

❸ 用老鸡吊汤，以火腿、蘑菇分别制成火腿汁、蘑菇汁。

❹ 在鸡汤中倒入火腿汁、蘑菇汁后加盐调味，然后上锅用大火将汤煮开，汤沸后放入鳗面煮熟，带汤盛入碗中，撒上鸡丝、蘑菇丝、火腿丝即可。

菜品特点：

味道鲜美，面细而均，口感柔滑，营养丰富。

温面

原文 将细面下汤沥干，放碗中，用鸡肉、香蕈浓卤，临吃，各自取瓢加上。

温面就是我们通常所说的打卤面。北方打卤讲究用口蘑，随园所在金陵以香蕈为佳，故用香菇。顺便说一下，蘑与菇虽同属一科，也都是真菌，统称为蘑菇，但细分又是两种植物，蘑是蘑、菇是菇。蘑多生于北方长在草地上，菇则生南方长在枯木之上。

卤分“清卤”和“混卤”两种。清卤叫汆儿，万物皆可制作，北京过去有十八汆之说。混卤为卤，既然叫卤，只有汤汁黏稠才算名实相符，所以勾了芡的卤才是正宗。

早年间北京老旗人有用“斑鸠打卤”的做法，它是用斑鸠煮汤拆肉，用原汤加斑鸠肉、鹿角菜、口蘑打卤。但时过境迁，此卤做法已失传多年，成为绝响。

汆儿、卤的做法不同，吃到嘴里滋味也是两样。不论清、混都讲究要用好汤！做汆儿一定要比打卤口重，否则一加上面，就会觉得淡然无味了。勾芡打卤的制作手法，要比做汆儿复杂一些。二者佐料大致相同，以鹿角菜、木耳、黄花菜、鸡蛋打匀甩在卤上。所有配料一律切片，如加上火腿、鸡片、海参（或是虾仁）那就是三鲜卤了。卤在起锅之前，一定要炸点花椒油，熟后滗出花椒，将油趁热往卤上一浇，嘶啦一响，椒香四溢，这手法俗称叫炝皮子。

说起打卤，这勾芡也是有窍门的。芡要分几次来勾，水淀粉要一点一点地加入，一次不要加太多，勾好的芡汁不要过于浓稠，太浓稠口感不好，以刚可以裹住面为好。

制作方法

主 料 鸡胸脯

配 料 香菇、黄花、木耳、鸡蛋

调 料 盐、料酒、酱油、香油、花椒、鸡汤、淀粉、油

1. 将面粉加水和成面团，稍饧制后，擀片切条。将鸡脯肉切柳叶片，香菇、黄花、木耳泡发后，洗净切小块备用。
2. 锅中放油煸香葱、姜，放入鸡片炒变色后下香菇、黄花、木耳，加鸡汤以没过为度。烧开后打去浮沫，加入盐、料酒、酱油找色找味，煮至片刻用水淀粉勾成浓芡，鸡蛋打散抽匀徐徐淋入，待蛋花浮起出锅，盛入碗中放些葱花、蒜末。炒锅上火加油放入花椒，炸焦后捞出，趁热浇在卤上。
3. 面条下锅煮熟过水盛入碗中，按各人口味咸淡浇上卤汁食用。

菜品特点：

卤汁色泽美观，金黄油亮、质地软烂、口味咸鲜、香气浓郁。

裙带面

原文 以小刀截面成条，微宽，则号『裙带面』。大概作面，总以汤多为佳，在碗中望不见面为妙。宁使食毕再加，以便引人入胜。此法扬州盛行，恰甚有道理。

裙带面绝非陕西裤带面，二者虽一字之差，从制法到口味则是截然不同的两种面条。从字面上看，裤子多为男人之用，裤带面就像男人的裤带一样，自然粗犷豪放。而裙子则为女人穿戴，裙带细窄飘逸，较之男人裤带，也就俊俏多了。

裙带面，袁枚已经明确地告诉我们是扬州面条。它用小刀把擀好的面皮切成稍微宽一点的细长条，而且是以汤多为妙的汤面，这种面条在扬州名为“小刀面”。

众所周知，面条本身无味，全凭调配得宜。那么如何才能调配合适呢？袁枚一语道破天机！就是面放在碗里以看不见面条为标准，这样才能滋味浓厚，使人意犹未尽、食欲大开。

扬州裙带面在制面、做汤、浇头三个方面都很讲究。制作面条所选用的都是优质面粉。和面加水时，还要用鸡汤以及蛋清。过去揉面采用的是跳面方法，即将面团放案板上，用大木杠一端固定、一端有人骑坐木杠上面反复跳压，然后将跳好的面团擀成面片，并用刀切成面条。稍宽的叫裙带面，略细的叫细丝面。

制汤是扬州面的关键，面条口味的好坏，绝对取决于汤的质量。扬州面汤通常用大骨头以文火慢慢熬制，直到汤白味醇为止。当然也有用清汤的，那就是以鸡汤过滤出来的。

至于裙带面的浇头，那真可谓是花样繁多、风味各异。其中有猪肝、虾仁、腰花、脆鳝、大排、肴肉等不下一二十种。

制作方法

主料 面粉

配料 猪骨、鸡

调料 盐、葱、姜

1. 猪骨洗净血污熬白汤，用细筛滤去杂物。
2. 将面加水和成软硬适中面团，擀成薄片后，切成宽面条待用。
3. 将面放入沸水锅煮熟，捞出装碗，浇上白汤，在面上放浇头即可。

菜品特点：

味道鲜美，汤色清亮，清爽利落，柔软爽口。

面点

原文 生虾肉，葱盐、花椒、甜酒脚少许，加水和面，香油灼透。

《随园食单》载有两个虾饼，一为煎虾饼，一为虾饼。前者在“水族无鳞单”的虾饼，是把虾剁碎了加料，做成饼形煎出来的菜。后者在“点心单”的虾饼，虾不剁碎，要用整个的，以面调糊炸制成饼，属于小吃点心。

虾饼是流行于江南地区特色小吃，在常州最为有名。虾饼历史远了不说，从《随园食单》所处年代算起，距今至少有300多年的历史。作为常州的传统特色风味，虾饼属于小吃，街头小贩支个锅烧着油，边上盆里是鲜河虾、萝卜丝、葱和面粉糊。客人来了用专门的勺子舀上一勺面糊，放上香葱、萝卜丝，表面再搁上大河虾，入油锅一炸，一阵香气扑鼻而来。用纸托着边走边吃。吃到嘴里一咬满嘴流油，鲜香酥脆。

在常州还有一种类似的小吃，由于形状类似腰鼓，打着皱又被称为“铜鼓饼”，但铜鼓饼相对来说要小而厚实些。铜鼓饼与虾饼最大的不同之处在于铜鼓饼是有馅的，通常根据时令的变化，肉馅、虾馅、嫩南瓜丝馅、青菜馅、萝卜丝馅等等皆可。而虾饼是不放馅只放整条虾肉，也有放大河虾的。现在放的东西则更多了，甚至还有用霉干菜加在虾饼里。当然，不管放什么，都得放个大虾仁或放个大河虾，要不怎么叫虾饼呢？但有人用猪肉松加上韭菜来代替虾，做出的饼也很好吃，一样有那种鲜香酥脆的口感和味道。

制作方法

主料 鲜虾肉、面粉

配料 米酒

调料 葱、姜、料酒、花椒面、盐、香油

1. 将虾去皮取肉去沙线洗净，加入料酒、花椒面、盐腌渍。葱姜切末。
2. 面粉加水调成面糊，与腌好虾肉拌匀，加入米酒、葱姜末。
3. 锅中放香油烧热，下入面糊炸成饼，成熟即可。

菜品特点：

色呈金黄，外脆里软，香鲜可口。

颠不棱

原文 糊面摊开，裹肉为馅蒸之。其讨好处，全在作馅得法，不过肉嫩、去筋、作料而已。余到广东，吃官镇台颠不棱，甚佳。中用肉皮煨膏为馅，故觉软美。

北方人常说："舒服不如倒着，好吃不过饺子。"饺子是中国北方最有代表性的一种食品，无论是蒸饺、煮饺、煎饺，也无论是年节、喜庆、团圆，北方人家都爱包饺子。

相传饺子这种吃食，是由我国医圣张仲景发明的。按照医圣的生卒年代推断，从饺子诞生至今已有1800多年的历史了。但袁枚为什么把这种"肉馅烫面蒸饺"称为"颠不棱"呢？

原文上说，袁枚到广东访友，是在官镇台家吃到的。"镇台"一词是清代对总兵一职的敬称，而"官镇台"就是袁枚老友——总兵官福，官福曾任职齐齐哈尔后调任广东。袁枚作为一位大美食家，到官福家吃饭，是不会不知道什么是烫面蒸饺的。但对于这个"颠不棱"的名字颇为不解？官福一见大笑，就给袁枚讲了自己初到广东任上，设宴招待来华英商。席间有一道肉馅烫面蒸饺，就笑问英商："汝可识得此物？"英国人惊讶地回答："dumpling！"（注：意思是"饺子"。）席间众人齐笑。事后官福就命家厨，将家中制作的"肉馅烫面蒸饺"命名为"颠不棱"了。

袁枚听完这个故事，觉得颇为有趣，于是就将其收录在了《随园食单》中。所以这"颠不棱"的叫法，也仅在《随园食单》中见到，而没有发现其他文献有所记载。

制作方法

主料 面粉

配料 肉馅、肉皮冻、笋丁、香菇丁

调料 姜末、葱末、精盐、胡椒粉、料酒、白糖、香油

1. 面粉加开水烫后摊开，加入凉水和成面团。
2. 将肉馅、肉皮冻、净笋丁、香菇丁调料和成肉馅。
3. 取面切剂子、擀皮，包入肉馅，上笼蒸熟即可。

菜品特点：

面皮柔韧有弹性，肉馅汁多鲜嫩。

韭合

原文 韭菜切末拌肉，加作料，面皮包之，入油灼之。面内加酥更妙。

韭菜又名起阳草、壮阳草，属百合科多年生草本植物，种子和叶均可入药，具有健胃、提神、补肾助阳、固精止汗等功效。以韭菜入药的历史，可以追溯到春秋战国时期。

常言道："春初早韭，秋末晚菘。"初春时节的韭菜品质最佳，晚秋的次之，夏季的最差。民谚更有"六月韭、驴不瞅"之说。阳春三月大地复苏，初春时节第一鲜蔬，就是这韭菜。头茬韭菜味道非常鲜美，具有独特的香味，它叶嫩、色绿、清鲜、味足，可拌面条、可包饺子、可做包子，更也可与鸡蛋或虾仁同炒。

不过，韭菜最好的吃法，还是包韭菜馅合子。因其久负盛名，北方地区每至春节期间，便有"初一饺子、初二面、初三合子团团转"的说法。

但这韭菜馅合子的做法也有南北之分，北方皆以铛烙，南方多用锅炸。《随园食单》所载韭合为油炸。韭合层次细致而分明，面粉加猪油和面做皮，选用猪肉加韭菜调成馅。皮擀成圆形加入馅，包成半月形，边用手做成波浪状，然后放入油锅热炸，皮酥香脆、盒馅鲜美，韭香扑鼻。当然也可放入虾仁、扁鱼、荸荠、香菇、红萝卜、冬笋、豆干等，做成各种风味的馅料。北方的盒子大多是圆形，多用韭菜加鸡蛋、虾皮做成的素馅，用一上一下两张面皮包起来，还要捏上花边，然后去烙。如用一张面皮包成包子按扁，那就不叫合子，而叫馅饼了。

制作方法

主料 面粉

配料 韭菜、肉馅

调料 姜、盐、香油、花生油

1. 将面粉加水、猪油和成面团，饧面待用。
2. 韭菜洗净控干水分切末，肉馅用水打均后放入姜末加香油，临包合子时再放韭菜、盐，以免提前放入出汤。
3. 取面下剂擀皮包入韭菜馅，包成合子、拧上花边。
4. 油锅六成热时，将韭菜馅合子下入烹炸成熟，待色泽金黄色时捞出，控净余油即可。

菜品特点：

外皮焦酥，馅香浓厚。

烧饼

原文 用松子、胡桃仁敲碎，加糖屑、脂油，和面炙之，以两面熯黄为度，而加芝麻。扣儿会做，面罗至四五次，则白如雪矣。须用两面锅，上下放火，得奶酥更佳。

烧饼最早叫胡饼，应该是汉代班超时从西域带回来的，到唐代就很盛行了。安史之乱，唐玄宗与杨贵妃出逃至咸阳集贤宫，无所果腹，宰相杨国忠去市场买来了胡饼呈献。诗人白居易赋诗一首称："胡麻饼样学京都，面脆油香新出炉。寄于饥馋杨大使，尝香得似辅兴无。"说在咸阳买到的饼不像长安辅兴坊的胡麻饼。胡麻饼的做法是取清粉、芝麻、五香盐面、清油、碱面、糖等为原辅料，和面发酵，加酥入味，揪剂成型，刷糖色，粘芝麻，入炉烤制。此做法与现代烧饼差不多。

烧饼品种颇多，有芝麻烧饼、油酥烧饼、起酥烧饼、驴蹄烧饼、空心烧饼、缸炉烧饼、油酥肉烧饼等几十种。市面上还有一种火烧与烧饼相似。烧饼大多是烙出来的，而火烧大多是烤的，或烙得半熟再烤出来的。火烧一般是发面或半发面的，烧饼有半发面的，有死面的。最明显的特征是火烧表面没有芝麻，烧饼必须有芝麻。

《随园食单》所载烧饼之法，应是现在的黄桥烧饼。此饼流传于江淮一带，已有千年历史。但真正出名则是因为1940年10月那场著名的战役"黄桥决战"。战役打响后，黄桥镇当地群众冒着敌人的炮火把烧饼送到前线阵地，谱写了一曲军爱民、民拥军的壮丽凯歌。黄桥烧饼采用古代烧饼制作法，有咸甜两种口味，外撒芝麻内擦酥，成品香酥甜美，色泽金黄。如有条件，和面时再放些奶酥，就更好吃了。

制作方法

主料 面粉

配料 大油

调料 松子，核桃仁，冰糖屑

1. 将面加水和成面团，用面加大油和匀成油酥。松子、核桃仁，冰糖屑调成糖馅。
2. 将面团包上等量的油酥，收口捏紧朝下按扁，擀成圆形大片，卷起来成条状，下剂子用面杖擀至圆形，包入馅料收口，捏紧后放在案板上，稍稍按压拍扁，饼面刷上一层面糊，粘上芝麻。
3. 将做好的烧饼放入烤盘，烤大约20分钟成熟即可。

菜品特点：

色泽金黄，外观美观，酥松可口，不油不腻。

面茶

原文 熬粗茶汁，炒面兑入，加芝麻酱亦可，加牛乳亦可，微加一撮盐。无乳则加奶酥、奶皮亦可。

面茶过去曾是军粮，行军打仗时携带方便。《随园食单》所载面茶，再现当年蒙满风范，行军驻地烧茶汁冲油炒面，再加入牛奶，无奶则加奶酪或奶皮子，以芝麻盐调味就着肉干吃，既暖和又提神又能解饱，军中将士多喜欢此茶。袁枚广交官府贵人，其中不乏征战疆场的将军，自然会尝到此吃食，并记录下来。

随着时间的推移，此面茶实际与油茶近似。而在京津一带的传统小吃中，以小米面及糜子米为原料制作的面茶，则又是另外一番光景。它是用小米面掺和糜子面，与大料瓣、大盐一同磨成浆，再用大火烧沸，加入碱面、姜汁煎熬一会儿煮成糊状，表面淋上用香油调和的芝麻酱（芝麻酱要提起来拉成丝状），转着圈地浇在面茶上，再撒上芝麻盐。北京人喝面茶讲究不用勺子、不用筷，而是用一只手端着碗，先把嘴巴拢起贴着碗边转着圈喝。面茶很烫，其实用吸溜更加恰如其分。碗里的面茶和麻酱一起流到碗边再入口中，每一口都是既有麻酱又是面茶，要的就是这种感觉、这种味道。这绝对是门艺术。

面茶一般是下午睡醒晌午觉，喝茶时当做点心吃的，因此就有了“午梦初醒热面茶，干姜麻酱总须加”的说法。如今不用受时间的限制，想什么时候吃，随时都可以热热乎乎地来上一碗。

制作方法

主料 油炒面

配料 茶叶

调料 麻酱、熟芝麻、盐、姜粉、牛奶

1. 先将水中放入茶叶烧开，熬成茶汁滤渣待用，将盐与芝麻炒成芝麻盐。
2. 将炒面兑入茶汁搅均，煮成稀糊状。
3. 将制好的面茶盛入碗中浇上芝麻酱，撒上芝麻盐，再加入牛奶，无奶加奶酪、奶皮子亦可。

菜品特点：

香浓黏稠，可作点心。

杏酪

原文 捶杏仁作浆，挍去渣，拌米粉，加糖熬之。

酪原本是牛、马、羊、骆驼等的乳汁炼制而成，通常也泛指用果实做的糊状食品，如：果酪、杏仁酪、核桃酪。袁枚所说的“杏酪”又称杏仁茶，这可是传统食品，有许多古代书籍像清初朱彝尊《食宪鸿秘》，清末薛宝辰《素食说略》都有记载。小说《镜花缘》曾写道：“茶罢，略叙温寒，又上了两道杏酪、莲子汤之类。”《红楼梦》五十四回也有贾母嫌预备的鸭子肉粥、枣儿熬的粳米粥，不是油腻腻的就是甜的，凤姐儿连忙奉上杏仁茶，贾母称赞道：“这个还罢了。”

何为“酪”？过去北京人将类似奶酪的糊状食品，都统称为“酪”。杏酪原本京师著名小吃，但现在北京多见的是核桃酪。这是一种高雅的京味甜食，此物是受杏酪影响或是影响杏酪？不详。具体何年问世的，也无从考证，史料中也没见有确切的记载。但杏酪确在宫中出现过，清末的慈禧太后常吃此物。据说早年在制作时，里面也要加些牛奶，后来听说慈禧太后不喜欢，从此也就免了，但仍称之为“酪”。

核桃酪与杏酪制法基本相同，只是核桃酪中要加入红枣。具体制法如果大家有时间，可看看梁实秋的《雅舍谈吃》。梁先生不愧为美食大家，把核桃酪的来龙去脉、制作方法，写得是淋漓尽致。让人仿佛感觉到那碗微呈紫色，枣香、核桃香、黏糊糊、甜滋滋的酪就在您面前，恨不得有种马上就要喝下去的急迫感。

制作方法

主料 杏仁、糯米、大米

调料 白糖、糖桂花

1. 将大米、糯米按 4 ：1 的配比淘洗干净，用凉水浸泡 2 小时；将杏仁用温水泡 20 分钟，搓掉黄皮洗干净，与大米、糯米一起加凉水 250 克磨成稀糊状，滤渣待用。
2. 锅中加凉水，将磨好的杏仁糊倒入搅匀煮沸，再下白糖用小火熬一会即成。
3. 食用时，将杏仁茶盛入碗中，放上糖桂花汁便可。

菜品特点：

细腻而香甜，润滋不糊口。

萝卜汤圆

原文 萝卜刨丝滚熟，去臭气，微干，加葱、酱拌之，放粉团中作馅，再用麻油灼之。汤滚亦可。春圃方伯家制萝卜饼，扣儿学会，可照此法作韭菜饼、野鸡饼试之。

袁枚有春圃、香亭两个弟弟，皆是诗书俱佳。方伯之职在殷周时期为一方诸侯之长，汉以后称刺史为方伯，明清称布政使为方伯，后来泛称地方长官。袁枚的大弟弟春圃，从政后官至府尹，故袁枚以方伯称呼兄弟春圃。

春圃的家厨所制作萝卜汤圆堪称一绝。他把萝卜擦成丝，在滚开的沸水中烫熟以去掉萝卜的臭气，挤出水分以后晾得微干，加葱、酱调拌均匀，放在粉团中作馅儿，包好后用香油炸，或下到沸水锅里滚熟都可以。袁枚品尝后甚是喜欢，特命自己的家厨扣儿，去春圃家厨房学习。扣儿不负众望，不光把萝卜汤圆学会了，并独出新裁，将此方法改为烙，做成萝卜饼，且举一反三按萝卜饼的方法又做了韭菜饼和野鸡饼。

无独有偶，萝卜汤圆不光袁枚爱吃，曾任法国总统奥朗德也爱吃。2013年4月26日，奥朗德首次访华，在上海当奥朗德总统吃到萝卜汤圆以后，击掌称赞不绝。这件事恐怕袁枚做梦也不会想到，时隔近300年，他收录进《随园食单》的萝卜汤圆，竟然受到法国总统的钟爱，从而受到世人瞩目。

汤圆是南方人的叫法，北方人称作元宵。在制作方法上略有不同，汤圆是用糯米粉和面，将馅料包入其中；元宵是将馅料切成块，然后沾水在糯米粉中来回滚。汤圆在南方是日常当中的点心，而元宵则是北方人在欢度上元节时，寓意团圆的应景小吃，且过后就没了。然而单就这道萝卜汤圆来说，多年来经过历代名师高厨不断地改良研制，已将其于平凡中推向了极致。

制作方法

主　料 汤圆粉

配　料 白萝卜

调　料 麻油、葱、姜、盐

❶ 将汤圆粉加水和成面团待用，白萝卜去皮洗净后，用擦床擦成细丝，用盐腌两次，挤出水去掉萝卜气。

❷ 锅中的放水，沸后放萝卜焯烫成熟捞出，挤干水放盆内，用香油把酱炒香放凉后，倒入萝卜丝内加葱末搅拌均匀。

❸ 取汤圆面下剂子包入萝卜馅，下温油炸熟或入开水锅中煮熟即可。

菜品特点：

色白细润，口感香糯。

脂油糕

原文 用纯糯粉拌脂油，放盘中蒸熟，加冰糖捶碎，入粉中，蒸好用刀切开。

脂油糕又名猪油糕，好吃且做法简单。用纯糯米粉拌脂油，放盘中蒸熟，加冰糖捶碎，入粉中与桂花、玫瑰调匀，二次上笼屉蒸。蒸后用刀切开，脂油糕洁白晶莹，肥美可口，糯软润湿，入口油而不腻。清人沈藻采在《元和唯亭志》中，称其为“吴中佳制”。

脂油是用猪板油熬成的优质猪油，猪板油不是肥肉，是猪的腹部有薄膜包裹的油脂。用猪板油熬出的油叫脂油，是制作很多菜品不可缺少的一种重要原料。

猪油极香，以前穷人用猪油拌饭解馋。把练好的猪油，用盅存放起来，尤其是天气寒冷的冬季，猪油很快便凝固，因此可以储藏很久。剩下的猪油渣，可以用来炒菜、做汤，也可以和在面中烙油渣饼。也有人用油渣做油渣面，或沾砂糖当作零食来吃。

动物油的油脂与一般植物油相比，有不可替代的特殊香味，能够增进人们的食欲。特别是与萝卜、粉丝及豆制品相配时，可以获得用其他调料难以达到的美味。《随园食单》中，就有“荤菜用素油，素菜用荤油”的论述。宁波汤圆吃起来香甜可口，全靠猪油拌馅。无独有偶，扬州的千层油糕也是用生脂油丁制作，此糕点始于清朝光绪年间，至今已有百年历史。千层油糕呈菱形方块，糕呈芙蓉色半透明状，整块油糕共分64层，层层糖油相间，糕面布以红绿丝，观之层次清晰、色彩美观，食之绵软嫩甜。

制作方法

主料 江米2公斤

配料 冰糖1公斤、脂油

调料 桂花、玫瑰

❶ 将糯米用水浸泡后磨粉。

❷ 把冰糖擀碎拌入糯米粉，加入适量的脂油丁、桂花、玫瑰，调匀放入托盘中铺平，然后放入笼屉中用大火蒸40分钟后取出。

❸ 待冷却后切块装盘。

菜品特点：

色彩鲜艳，甜糯软滑，肥美可口，玫瑰味浓郁。

软香糕

原文 软香糕，以苏州都林桥为第一。其次虎丘糕，西施家为第二。南京南门外报恩寺则第三矣。

软香糕是早年间江浙一带夏令风味糕类小吃，老南京伏天要吃软香糕，这与端午吃粽子、中秋吃月饼一样，是由来已久的民间风俗。因做得松糯可口，又伴有薄荷凉味，吃起来软而香甜，故而得名。

清代文学家吴敬梓在南京写成的小说《儒林外史》第 29 回中杜慎卿招待金铉等人的点心就有软香糕。从前，夫子庙文德桥堍有家创于清末的甜食老店“陆万兴”，他家的小吃品种很多，随季节不同而变化。如春天的油糕、黄松糕，秋天的粉团、糖粥藕，冬天的汤圆、腊八粥等。

软香糕是消夏小吃，颇受市民喜爱。软香糕松软香甜，又有薄荷凉味，故名。糕的主要原料是“两粉两味”：糯米粉和粳米粉。糯米选用郊县高淳产的香稻，碾出来的粉白、细、爽、香。两味是薄荷汁和绵白糖。制作也不复杂，但要做好不易。一是拌匀糕粉，二是加料适当，三是旺火蒸熟，四是切糕技巧。袁枚评论软香糕，以苏州都林桥为第一，虎丘糕、西施家为第二，南京南门外报恩寺则第三矣。

制作方法

主　料　糯米、粳米各半

调　料　薄荷汁、绵白糖

❶ 将糯米和粳米洗净，泡两三小时，连水带米磨成稀糊，装入布袋中沥干水分。

❷ 将糯米粉、粳米粉、薄荷汁和绵白糖四种原料搅拌均匀，旺火蒸熟，起锅揉匀，放入抹了油的盘子里，凉后切成小块装盘即可食用。

菜品特点：

晶莹可口、黏软耐嚼、软而香甜、清凉甘美。

栗糕

原文 煮栗极烂，以纯糯粉加糖为糕蒸之，上加瓜仁、松子。此重阳小食也。

栗糕又叫重阳糕，为农历九月九日重阳节，传统习俗登高时的应时小吃。重阳节起于汉代，费长房让学生九月九日登山避灾，后人仿效，遂形成九月初九登高山、饮菊酒、插茱萸等一整套重阳节俗。

古人把“双”定为阴数，把“单”定为阳数，九月九日，日月并阳，两九相重，故曰重阳，也叫重九。重阳节也是敬老节和祭祖节。重阳这天讲究全家要出游赏秋、登高远眺，观赏菊花、遍插茱萸，吃烤肉、吃重阳糕、饮菊花酒等活动。

糕在汉语中谐音为“高”，是生长、向上、进步、高升的象征。九月食糕的习俗起源很早，“糕”之名，虽然起于六朝之末，但糕类食品在汉朝时即已出现，当时称为“饵”。饵的原料是米粉，米粉有稻米粉与黍米粉两种。黍米有黏性，二者和合，“合蒸曰饵”。至今云南的一些少数民族地区，仍将米糕称之为“饵块”。

重阳糕在明清以后又多称为“花糕”。重阳花糕成为都市、乡村的应节食品。讲究的要作成九层，上面还要做出两只小羊，以符合重阳（羊）之义。有的还在重阳糕上插一小红纸旗，并点蜡烛灯。这就是用“点灯”、“吃糕”代替“登高”，用小红纸旗代替“遍插茱萸”之意。当今的重阳糕，仍无固定品种，各地在重阳节吃的松软糕类，如北京的“发糕”、“丝糕”，都属重阳糕的范畴之内。

制作方法

主料 栗子、糯米粉

调料 白糖、瓜子仁、松仁

1. 将栗子洗净，从中间剖开后入锅，加水没过栗子，煮至七成熟时，捞出去壳和内膜压烂成泥。
2. 糯米粉、白糖、栗子末倒入盆中和匀成团，铺在抹上油的托盘中，上面均匀地撒上瓜子仁和松仁。
3. 入蒸笼蒸 30 分钟，取出晾凉，切成块上桌。

菜品特点：

糕软糯，栗香美。

青糕、青团

原文　捣青草为汁，和粉作粉团，色如碧玉。

青团是流行于江浙一带的特色食品，又名“艾团”。是清明与寒食节时，民间的一道传统点心。唐代大诗人白居易在1000多年前，于寒食节路过青团店时，曾留下过一首脍炙人口的诗篇：“寒食青团店，春低杨柳枝；酒香留客在，莺语和人诗。”由此可见，唐代就已经有青团的存在了。按照当地人的说法，青团诞生之初，是清明祭祖的贡品，主要是用来祭祀的。

清明节前后雨水增多，野地里的艾青泛出最鲜最嫩的绿色，大地呈现春和景明之象，也正是人们春游踏青的好时候。每到清明，家家户户都要做青团。当今虽然形制未变，但祭祀的功能日益淡化，早已从最初的祭祀点心，转变成当地春天的时令小吃，以及作为馈赠或款待亲友的美食了。

青团的制作从工艺上讲，通常有两种方法。一种为“生包”法，即将生的粉揉好，包馅之后再上锅蒸熟；另一种为“熟包”法，是将糯米粉加上青艾粉，用少许沸水拌匀，上锅蒸熟后取出反复揉搓，搓成长条后用刀切成小块，并逐个按扁，涂抹上少许香油，包入豆沙馅，捏拢收口揉成圆球。

青团的馅因人而异，可以是豆沙，也可以包入芝麻馅、黄豆馅等其他馅料。也有的地方用鲜肉做馅，咸香口味的青团，同样有着令人欢喜的滋味。

在杭、绍一带，除了青团还有青糕，有馅为团、无馅为糕。有人特地将青糕用模具制成狗形，俗称“清明狗”。民谚有云：“吃了清明狗，一年健到头！”

制作方法

主料 糯米粉

配料 嫩艾或麦苗

调料 豆沙馅

① 先将嫩艾、小蕀姆草等放入大锅，加入石灰蒸烂，漂去石灰水，揉入糯米粉中，做成碧绿色的面胚。

② 把面揪成每个大约重75克的面团，搓长条后切成小块并逐个按扁，包入豆沙馅捏拢收口，搓成圆球即成青团生坯。笼内铺上湿布，放入青团生坯，上锅蒸约15分钟至熟，再在青团上涂些香油即成。

菜品特点：

碧青油绿，糯韧绵软，甘甜细腻，清香爽口。

金团

原文 杭州金团，凿木为桃、杏、元宝之状，和粉搦成，入木印中便成。其馅不拘荤素。

苏州有青团，杭州有金团。青团是用浆麦草的汁拌进糯米粉里，再包裹进豆沙馅儿，不甜不腻带有清淡却悠长的青草香气。金团是用松树的花粉拌糯米粉做成桃、杏、元宝形状。青团所用浆麦草好找，金团所用的松花粉却难寻觅。所以现在市场所售，大多为用南瓜（取其金黄色）做成。

金团，它的历史至少可以追溯到南宋时期。民间有这样一个传说：南宋康王赵构自建都临安以后，因金兵强渡长江杀奔江南，康王自知临安难守，便带领近臣、后妃一路逃难来到明州，后被大队金兵冲散。他落荒而逃，正在急难之间，鄞县地方有一位村姑骗走了金兵，救了康王。当时康王饥饿难忍，便向村姑求食。村姑给了他一个有馅的糯米团子，康王吃了团子后告别而去。金兵退去以后，康王返回临安，为了报答村姑救命之恩，就封浙东女子出嫁时可使用半副銮驾，乘坐龙凤花轿，他吃过的糯米团子也被封为“金团”。

金团，不光味道好，还寓有团圆吉庆的意思。并按照用途不同，又生出许多有趣的名称，如种田时节有种田金团，割稻时节有割稻金团，做生意有五代金团，结婚时有龙凤金团，新生儿满月时则又有子孙金团等。传统金团制法用糯米、粳米各半，浸水泡发然后磨成粉。馅料是用豇豆或黄豆，一斤半馅料加糖二斤，炒得透而不焦，再加适量的橘饼、瓜子肉、橙丁、红绿丝、桂花为馅。也可以用豆沙馅，甚至还有用肉馅的。只要个人喜欢就好。

制作方法

主料 糯米粉、南瓜、松花粉

配料 豆沙馅

1. 将南瓜去皮蒸烂成泥。
2. 将糯米粉掺入南瓜泥、松花粉，加水和成团待用。
3. 取面下剂子包入豆沙馅，取模具印成桃、杏、元宝等形状，码入盘中上锅蒸20分钟取出即可食用。

菜品特点：

皮薄馅多、口味甜糯、清香适口，令人百吃不厌。

熟藕

原文 藕须贯米加糖自煮，并汤极佳。外卖者多用灰水，味变，不可食也。余性爱食嫩藕，虽软熟而以齿决，故味在也。如老藕一煮成泥，便无味矣。

江苏人管这种做法的藕，叫做“焐熟藕”；浙江人管这叫“糖藕”；北方人则称其为“江米藕”。无论南北的筵席上，这种吃食都是夏季常见的凉菜。

古时煮熟藕，是当做小吃点心吃的，江浙一带街头巷尾都有卖熟藕的。苏州人做焐熟藕最为讲究，当地人做熟藕选用粗细均匀、外形美观的白花塘老藕。其嫩藕宜生食。

白花藕生有九孔，开出的花是白色的，由于淀粉含量低，所以更加脆嫩。红藕以两湖的为好，白藕数江浙为佳。白莲藕不光南方的好，北方的山东淄博马踏湖、北京海淀六郎庄出产的白莲藕（又叫果藕），同样洁白如玉、鲜嫩甜脆，亦是藕中精品。

制作熟藕的用米，须是长粒白色的籼糯米。民间俗语云：“青籼白糯”，意思是说糯米越白越好，因为这种米的黏性强。桂花则要金桂，糖要用土制红糖，这样做出来的熟藕才会颜色正、味道好。焐好的熟藕汤汁绛红、藕片粉润，闻之桂香、食之莲甘，色泽漂亮、藕香诱人。

袁枚喜食熟藕，但却爱吃煮嫩藕；要求咬下去有口感，而不喜欢软糯的老藕。这也算是个人的一种喜好吧。

制作方法

主料 鲜藕 1500 克

配料 糯米

调料 红砂糖、糖桂花、荷叶 4 张

❶ 把红砂糖倒入锅内，舀入清水 700 克，用中火熬成糖浆，盛入钵中，放入糖桂花调匀。

❷ 将鲜藕洗净，在藕节中间分切成段，在每段藕的一端切下约 4 厘米长的藕盖，使藕孔露出，将淘净的糯米泡透塞入藕孔，盖上藕盖，并用细竹扦将藕盖插牢，以防糯米漏出。

❸ 锅内放入竹箆垫底，加熬好的糖浆，放上藕段，面上铺放荷叶，舀入清水浸过藕面，用旺火煮沸后转小火约煮 4 小时，至藕呈紫褐色即熟。

菜品特点：

色泽艳丽，香气扑鼻，甘醇浓郁，甜而不腻。

萧美人点心

原文 仪真南门外，萧美人善制点心，凡馒头、糕、饺之类，小巧可爱，洁白如雪。

相传清乾隆年间，扬州仪真南门外糕点铺的老板娘人称萧美人。她不光人长得好看，而且还擅制点心。萧美人原名现已无可考证，只知她年轻时娇媚动人、如花似玉，年届五十而艳姿不减。她的制糕技艺绝妙，清代诗人吴煊曾对萧美人大加赞咏，有诗为证曰："妙手纤纤和粉匀，搓酥糁拌擅奇珍；自从香到江南日，市上名传萧美人。"

萧氏生于乾隆8年，少女时代就以仪态高雅、天生丽质而出名。其父承继先祖留下的两家茶食店，主营馒头、糕、饺、茶点之类，其家道小康。萧氏为独门长女，聪慧善良待人热情，深得家人和茶食店顾客们的喜欢。在这个生长环境中，萧美人耳濡目染，对于各类糕点的制作了然于心，并逐渐担当起各种配料、配方的掌门角色。时到谈婚论嫁之年，其父为她挑选了一位忠厚老实、体格健壮的落魄书生，招为上门女婿。

天有不测风云。萧美人25岁那年因邻居失火殃及自家，父母烧死、丈夫残疾。为了维持生计，她不得不抛头露面，在自家店门口摆摊卖糕、饺、茶点。她天性聪慧，利用大米粉与糯米粉各半，粉内掺拌上果泥、核桃仁、瓜子仁、松子仁和香油，加上适量的糖调匀成块，面上装点一些红、绿蜜饯丝，然后蒸熟面市。客人品尝后无不称赞叫绝。萧美人的糕点从此更加声誉鹊起。

袁枚对于美食自然是不会放过，因此常去萧美人家购买，并将萧美人点心收录在《随园食单》中。使萧美人制作糕点的美名，就像东坡肉、眉公饼一样流传至今。

制作方法

主料 面粉

原文未载制法，据其文义，用面做成馒头、糕、饺各式糕点，以小巧洁白，造型美观。

菜品特点：

小巧可爱，洁白如雪，十分软糯，味美可口。

刘方伯月饼

原文 用山东飞面，作酥为皮，中用松仁、核桃仁、瓜子仁为细末，微加冰糖和猪油作馅，食之不觉甚甜，而香松柔腻，迥异寻常。

月饼寓意团圆，因为月圆饼也圆，又是合家分吃，所以逐渐形成了月饼代表家人团圆的寓意。至于起源说法很多，首次将月饼与中秋的月亮联系起来的是在唐朝。八月十五大将军李靖征讨匈奴得胜而归，唐高祖李渊接过吐番人献上的胡饼，笑指明月说："应将胡饼邀蟾蜍。"唐僖宗也曾在中秋节当日，命令御膳房用红绫将饼赏赐给新科进士，当然那时还没有被称之为月饼。北宋著名文人苏东坡有"小饼如嚼月，中有酥和饴"的诗句，或许这是月饼这个名称的最初来源。月饼一词最早见于南宋，那时的月饼是菱花形的，和菊花饼、梅花饼等同时存在。最广为流传的是朱元璋用月饼在八月十五，传递起义消息剿灭元军的传说。至今在陕北榆林地区，仍有空心月饼售卖，和与之相配的"八月十五杀鞑子"的说法。

到了清代，月饼彻底成了中秋的象征，而且已经有酥皮月饼了。《随园食单》中记载了"刘方伯月饼"和"花边月饼"。刘方伯月饼是山东飞面做酥皮，松仁、核桃仁、瓜子、猪油等为馅，明府家制的花边月饼，不在山东刘方伯之下。袁枚常备车轿接迎其女厨来随园制作。

刘方伯是山东人，所用"飞面"从制作方法来看，刘方伯月饼就是水油面团与油酥开酥，这是北京白皮酥的制法，而花边月饼则是山东飞面拌生猪油子团揉和而成，做成的皮料是混酥，这是典形的苏式月饼之法。顺便说一点，就是先有开酥后有混酥，至于广式提浆月饼那是后来才有的。而冰皮饼，更是近些年才看到的。

制作方法

主料 面粉

配料 松仁、核桃仁、瓜子仁

调料 冰糖、猪油

1. 将面粉加入大油和匀，搓透成油酥面。
2. 将另外一部分面粉加香油和水，和匀成水油面团。
3. 将所有果料切碎加糖拌成馅料。
4. 取水油酥面，包裹油酥面，开酥，卷成卷下剂包入馅心成饼状，放烤盘中入炉烤制 15 分钟即可。

菜品特点：

形如满月，香酥油润，皮层酥松，味美可口。

白云片

原文 南殊锅巴，薄如绵纸，以油炙之，微加白糖，上口极脆。金陵人制之最精，号『白云片』

白云片其实就是云片糕，又名雪片糕。说起此点心那可来头不小。话说当年乾隆下江南时，到淮安城西北河下镇。应汪姓盐商请求，到他家花园做客。时值隆冬外面瑞雪纷飞，乾隆凭窗赏雪观景好生惬意，不由得诗兴大发，便随口吟道："一片一片又一片，三片四片五六片；七片八片九十片……"就在这时，汪盐商捧着一只玛瑙盘子来献茶点。不想盘中的糕点一下吸引住了乾隆，他顺手拈起两片放到嘴里，顿觉香甜松软、清新可口！于是用筷子一片片地吃个不停。同时将第四句诗脱口而出："飞入塘中全不见！"大家一致赞叹不绝。这就更使乾隆大悦，问道："何来佳点，能使朕如此大快口福呢？"汪盐商急忙如实回禀："这是家中祖传的小食，没有什么名字。"乾隆说："既然没有名字，朕就给起一个吧。你们看这种糕点的色彩、形状，就如同外面飞舞的薄薄雪片一般，就给此糕点赐名为'雪片糕'吧！"汪盐商听罢，连忙跪倒叩首谢恩！随后取出文房四宝请皇上题名。乾隆大笔一挥一蹴而就。不成想，由于笔下大意，误将"雪片糕"写成了"云片糕"。但是皇帝的御笔又不能随便更改，索性就叫"云片糕"吧。

"云片糕"一直以来，都是清宫大内的御膳茶点。而在江苏，当地人认为"糕"与"高"同音，吃了可以步步高升、飞黄腾达。但凡家里娶媳妇上门提亲，"云片糕"是少不了的；搬家、拜神求平安，"云片糕"同样不可或缺；节日走亲戚、看朋友，"云片糕"则更是首选礼品之一。

制作方法

主料 江米粉、糖粉、绵白糖、饴糖、香油、桂花、熟面

① 江米洗净磨粉备用，把糖粉、绵白糖、饴糖、香油、桂花放在缸内加水搅拌均匀。经12小时待糖粉充分溶化后，取适量经过陈化的江米粉与润好的糖混合搅拌。

② 取调好粉放在铝模内铺平压平，连同糕模放入热水锅内炖制，锅里的水要始终保持微开状态，糕坯成形即可出锅。把炖好的糕坯取出冷却。

③ 把糕坯条面对面、底对底地立放在专用木屉里，然后入锅急火蒸约5分钟即可。回锅下屉后，撒少许熟面干，趁热把糕条上下及四边平整美化，以便装入不透风的木箱内。用布或棉被苫盖严密，放置24小时，次日由切片师傅执锋利的大方刀，切成薄如书页薄片即可。

菜品特点：

片薄色白、厚薄均匀，香甜细腻、犹如凝脂，滋润软糯。

风楞

原文 以白粉浸透，制小片入猪油灼之，起锅时加糖糁之，色白如霜，上口而化。杭人号曰『风楞』。

风楞茶是江南水乡极具传统特色的茶点。如果去湖州等江南古镇旅游，风楞茶是一定要喝的；不喝风楞茶，算不得真正去过湖州水乡。风楞之名取其糯米制成的锅巴，薄如丝缕、风可吹破之意。故名风楞也叫“风消”。

风楞可以干吃，片片雪白、香脆可口。也可以冲泡，在小瓷碗里放上几片，再撒上白糖，用滚开的沸水冲下去，可见瓷碗内犹如云絮翻卷、莲开朵朵。开水注满以后，风楞浮上水面沿瓷碗边流转，香气袅袅而上扑面而来。轻呷一口，绵软顺滑，满口细糯甜香。

风楞历史悠久，尤其是浙江北部，风楞茶在民间有着极高的地位。寻常人每逢家里来了重要的宾客，主人定会请喝风楞茶！并加入白糖和蜂蜜，再卧上一个水波鸡蛋，以示对客人的尊重和敬意。

风楞茶的制作很有讲究。做风楞也叫摊蛋底，制作过程既是一个力气活，又是一个细心、耐心的活计。先要用大灶头烧好一大锅的糯米饭，糯米要浸得透、淘米要淘得净、烧饭要烧得烂。此糯米饭的水分要比一般烧饭放得多一点，饭不能烧得太干。烧火要随时调整火候，火力太猛容易烧焦，用力不周又会出现厚薄不匀。做风楞使用的镬子也必须要干！绝对不能有丝毫油腻，讲究的还得用铜铲。铲上一团糯米饭，放进烧烫的镬子里摊平，凭借手腕的巧劲，且要用得恰到好处，这样摊出来的饭糍干才会薄而均匀。现在市场上虽然也有卖风楞的，只是买来的风楞与手工摊出来的风楞作比较，其口味实在是相距甚远。

制作方法

主料 糯米、猪油、白糖、蜂蜜

① 将适量糯米淘净后，加水放入碗内，开大火使之沸腾，然后再用文火将其煮透至微糊状，盛出。

② 启用一口铁锅洗净，抹一层猪油，倒进适量糯米饭糊，用铲将其均匀摊平，用小火烘干水分，呈白色薄饼状，一片片铲下，自然冷却。

③ 食用时，取一把放入碗内，加糖或蜂蜜，开水泡之，一碗“风楞”茶即成。

菜品特点：

甜、香、糯、滑。

三层玉带糕

原文 以纯糯粉作糕，分作三层，一层粉，一层猪油、白糖，夹好蒸之，蒸熟切开。苏州人法也。

《随园食单》的“点心单”里记载了很多点心，其中苏州糕团占了很大比重。姑苏城内外，遍布大大小小的点心茶食坊肆，成为街市上的靓丽风景。袁枚乃好吃之人，见到美味自然会买来尝鲜。苏州人用纯糯粉做成的三层糕，因其切开后细白且长，酷似古时玉带，名曰“三层玉带糕”。袁枚品尝后啧啧称赞，味道的确不俗。

江苏处于亚热带气候，是花、果产区之一。江南水乡盛产稻、麦，尤以水稻为主，为制糕团提供了良好原料。

苏式糕点充分利用地方资源，把色泽鲜艳、香味浓郁的玫瑰花、桂花、橙子皮等，经仔细加工腌制后，成为苏式糕点添加色彩和香味的重要辅料。苏州糕点重视色彩，且多用天然色素，如红曲汁、小麦叶汁、青草汁、鸡蛋黄、玫瑰、南瓜、饴糖等。

苏式糕点造型美观、色彩雅丽、气味芳香、品种繁多。在选料、用料、制作、风味、时令、品种等方面，均有独特之处，别具一格。其口味以甜为主，兼有椒盐、咸味、咸甜等。

苏州的糕点师能用糕粉做出种种花卉瓜果、鸟兽虫鱼、山水风景，以及人物形象。或点缀于糕点上，或罗列于盘中，或映现于镜框内，真是妙不可言。正如袁枚夸赞陶方伯夫人手制点心的那样，“食之皆甘、形态各异，令人应接不暇。”

制作方法

主料 糯米粉、猪油

配料 玫瑰花、桂花

调料 白糖

1. 把糯米粉加入的适量水和成面浆，倒入抹好油的托盘，蒸15分钟后，在上面铺上一层猪油、玫瑰花、糖，然后再倒上一层面浆蒸15分钟，再铺上一层猪油、桂花、糖，倒上一层面浆蒸20分钟，成为三层糕、两层糖，取出晾凉待用。
2. 取凉后的糕切块码盘即可。

菜品特点：

香甜可口，滑糯黏爽。

运司糕

原文 卢雅雨作运司，年已老矣。扬州店中作糕献之，大加称赏。从此遂有『运司糕』之名。色白如雪，点胭脂，红如桃花。微糖作馅，淡而弥旨。以运司衙门前店作为佳。他店粉粗色劣。

卢雅雨本是袁枚至交。运司是清代官名，其全称为“都转盐运使司盐运使”，简称“运司”。这个称谓始于元代，官设于产盐的各个省区。明清相沿，简称为盐运使或运司。按清朝官制，在扬州设立两淮巡盐察院署和两淮都转盐运使司。两淮都转盐运使司又称两淮都转盐运使，或运司使，官列从三品。两淮盐运使司往往兼都察院的盐课御史衔，故又称“巡盐御史”。盐运使司掌握江南盐业命脉，不仅向两淮盐商征收盐税，还兼为宫廷采办贵重物品。

卢雅雨两次担任盐运使，在扬州为官期间，广交文人饮酒作乐，集一时文酒之盛，是扬州官场中声誉最高的风雅中人。他喜好诗文，主清代东南文坛，一时称为海内宗匠。由于卢雅雨爱吃扬州方糕，所以著名的扬州方糕，也就被更名为“运司糕”了。

卢雅雨为官任内最为人称道的一件事，就是“虹桥修禊”。修禊在古代原是春日到水边用香熏草药沐浴，以祛灾祈福的一种风俗。自魏以后，逐渐演变为人们游春宴饮的一种野外活动。乾隆二十二年三月三日，时任两淮盐运使的卢雅雨曾效仿古人旧事，主持虹桥修禊。邀集诸名士于倚虹园，盛况不减当年。和诗者约七八千人，诗集编为三四百卷。郑板桥、金农、袁枚、罗聘、厉鹗等一时俊彦，都有奉和之作，并绘《虹桥览胜图》以记其胜。虹桥修禊的美名，也因此传遍了大江南北，成为中国诗歌史上的一大盛事。

制作方法

主料 粳米粉

配料 甜豆沙

调料 青梅、金橘、瓜子仁、绵白糖、红绿丝

1. 粳米粉用热水、糖拌成雪花状，揉匀揉透。
2. 再将青梅、金橘切碎，放进豆沙、糖、瓜子仁搅拌均匀成果仁馅。
3. 将有方格的木框放在铺有干净湿布的笼内，再将包有果馅的米糕放进方格内，上撒红绿丝蒸熟。

菜品特点：

糕白如雪，点缀如花，微甜味美。

小馒头、小馄饨

原文 作馒头如胡桃大，就蒸笼食之。每箸可夹一双。扬州物也。扬州发酵最佳。手捺之不盈半寸，放松仍隆然而高。小馄饨小如龙眼，用鸡汤下之。

清末宫廷御膳有小窝头，随园佳肴有小馒头。它是用上等白面制成，用笼蒸熟而食，每箸可夹一双。对此袁枚在《随园食单》上赞道："扬州发酵面最佳，手捺之不楹半寸，放松仍隆然而高。"

我国面点种类繁多，按面团分类有发酵面团、水调面团、油酥面团、米粉面团，以及其他面团，共有五种。发酵面团又分酵母发酵、化学发酵、物理发酵三种，过去没有鲜酵母，做发面制品通常采用面肥发酵。

面肥又称为老面、老肥等。面肥发酵又分大酵、嫩酵、碰酵、创酵等诸多名堂。所谓大酵面，就是用老酵做引子和面发酵，老面发酵属于比较传统的工艺，操作比较麻烦。不但需要发老面，它所需的发酵时间长，而且发好以后还要兑碱；如果碱兑得不好，又会影响出品的质量。大酵面适宜制作体形大而松软的食品，如鲜肉大包、豆沙大包、花卷等。扬州发酵面团就是用面肥做引子。

在南方，包子也称馒头，以面粉发酵和馅心精细取胜。发酵所用面粉"洁白如雪"，馅心随季节变换，馅料品种丰富多彩，口味有甜有咸、鲜香味美。在馅心配制上善于时令变化，做到皮馅相宜。比如春夏有荠菜、笋肉、干菜；秋冬有虾蟹、野鸭、雪笋等。荤馅有三丁、五丁、三鲜、火腿、海参、鸡丁、鸽松；蔬馅有青菜、芹菜、山药、萝卜、瓶儿菜、马齿苋、茼蒿、冬瓜；甜馅有枣泥、核桃、芝麻、杏仁、豆沙等。

制作方法

主料 面粉

配料 酵面

调料 水、碱

1. 将面粉加酵面、糖和面，揉到面团不黏手、不黏盆，而且面团发光为止，和好面后发酵 50 分钟。
2. 取发好的面用碱揉匀，下剂子揉成小馒头码入笼屉，上锅至蒸 15 分钟即可。

菜品特点：

小巧玲珑，精巧细致。

天然饼

原文 泾阳张荷塘明府，家制天然饼，用上白飞面，加微糖及脂油为酥，随意搦成饼样，如碗大，不拘方圆，厚二分许。用洁净小鹅子石，衬而熯之，随其自为凹凸，色半黄便起，松美异常。或用盐亦可。

泾阳人张荷塘在金陵为官，此人好诗词亦好美食，与袁枚交厚。《袁枚日记》中，曾记载了一个与张荷塘有关的故事。“袁枚方伯约酒局，有张荷塘明府、张九兄、何广文作陪，霞裳后至。是日菜甚佳，吃合酒十七杯而不醉。方伯送合酒一壶，连玻璃壶并送。”

张荷塘陕西泾阳人，时常拿些家乡特产送人，他的家厨擅做一种饼，不事任何雕琢，完全取其自然，非常的新奇独特。袁枚吃后大为赞赏，并将其收录在《随园食单》中，同时还做了详细记述：“泾阳张荷塘明府家制天然饼，用上白飞面，加微糖及脂油为酥，随意搦成饼样，如碗大，不拘方圆，厚二分许。用洁净小鹅子石衬而熯之，随其自为凹凸，色半黄便起，松美异常。或用盐亦可。”

实际上，这天然饼就是长久以来流行于山西、陕西的石子馍。石子馍是一种古老的风味小吃，被誉为“远古华夏第一饼”。明万历年间，吏部尚书陕西富平人孙丕扬，曾把石子馍带到北京。清代石子馍传入江南，美食家袁枚尝罢，大加赞赏，并称之为“天然饼”。

据传这石子馍始于唐代胡人。唐天宝十一年（公元 752 年）胡人安禄山、史思明受玄宗皇帝指令，领胡兵讨伐契丹。征战途中条件颇为艰苦，且常受契丹骑兵袭扰，无法埋锅造饭。于是胡兵就将路上石子收集在一起，点火将石子烧热，再将和好的面团压成饼，放在滚烫的石子上烙烤。很快，一张香喷喷的石子馍就做好了。从那以后，石子馍流传到民间，直到今天都是山西、陕西两地的传统美食。

制作方法

主料 面粉

配料 小鹅卵石

调料 猪油、白糖

1. 选面粉，加水及猪油和匀，擀制成薄型圆饼。
2. 用平底铁锅将石子烧烙至滚烫，取出一半，留一半在锅内并摆置均匀；将生面饼摊在石子之上，再将取出的另一半石子均匀地摆置在面饼之上，用文火慢烤至熟。

菜品特点：

其形玲珑自然，口感清香酥脆，经久耐储，携带方便。

扬州洪府粽子

原文 洪府制粽，取顶高糯米，捡其完善长白者，去其半颗散碎者，淘之极熟，用大箬叶裹之，中放好火腿一大块，封锅闷煨一日一夜，柴薪不断。食之滑腻温柔，肉与米化。或云：即用火腿肥者斩碎，散置米中。

粽子，又称“角黍”、“筒粽”，是中国历史上文化积淀最深厚的传统食品之一。它是由粽叶包裹糯米蒸制而成，每年五月初五端午节，无论贫富，家家都要包粽子，以纪念爱国诗人屈原大夫。粽子虽是端午节最应时之物，但在扬州则是日常点心，一年 365 天皆可食用。

扬州的粽子是选用上好的糯米、翠绿的芦叶、美味的佐料制作而成。同样都是用粽叶，但能包裹出斧头形、枕头形、小脚形、圆筒形、三角形等多种形状。虽然粽子有各种形状，但扬州人最爱包成小脚形。至于为什么？很难说得清。大概看起来细致俊俏，与扬州人内心所追求的婉约细腻沾点边。但不论什么形状都要包得紧、裹得实，越是紧实滋味越佳。

粽子分无馅的和有馅的。无馅品种是直接用糯米洗净、浸泡，芦叶包裹而成。至于有馅的品种就比较多了。可依据各人的口味，添加或删减配料。喜荤食的可以加入火腿、咸肉、鲜肉、虾仁等，喜素食的可以掺进红豆、蚕豆、蜜枣、白果，甚至果脯等。荤馅的粽子宜于热食，而素馅的粽子适于冷食。

说来有趣，总体讲粽子有甜咸二种，但南方多咸，北方喜甜。扬州粽子中最有名的莫过于火腿粽子，其制作方法是以糯米为主料，中间放一块火腿肉，包裹而成，一经煮化，味道鲜美。袁枚到扬州在洪府吃的火腿粽子，使其一直念念不忘，最终收录进《随园食单》中。

制作方法

主料 糯米

配料 火腿、竹叶或苇叶

1. 将糯米泡 3 小时，火腿切块。
2. 取粽叶包入糯米，中间放一块火腿，包成菱角形，捆扎紧实。
3. 将包好的粽子入锅中煮至熟透即可。

菜品特点：

肉与米化为一体，滑腻温柔。

附录：随园食单全席

随心随意、随情随缘、随和随性、随遇随安

随园全席，将清袁枚《随园食单》所载，清代康雍乾时期流行的三百二十六种实则三百八十九种南北名馔佳肴、小菜、点心、饭粥、茶酒，悉数收录，精心搭配成席。十单菜品不重样，五天十顿吃完，食者须提前十五日预定。

第一单　泽福（随心泽福宴）

诗曰：

葛岭花开二月天，游人来往说神仙。
老夫心与游人异，不羡神仙羡少年。
【湖上杂诗】（清·袁枚）

宾至丽人献茗：狮峰龙井

奉四干果、四茶食：

二冷点：竹叶小粽、芋糕

配金坛子酒

前菜八品

四冷荤：白片肉、双味猪肚、风干牛舌、老汤卤鸡

四冷素：虾干拌腐皮、酱松蕈、凉拌石发菜，随园笋脯

随园佳肴

宴会头汤：杨明府冬瓜燕菜汤

四大菜：侍郎腐皮烧海参、杨兰坡套蟹、包道台雪梨野鸭片、糟蒸白鱼

四热炒：苔菜炒虾、炒鳝丝、程泽弓蛏干、生炒鳆鱼片

中汤：鸡血羹

四饭菜：香煎边鱼、王太守八宝豆腐、嫩白芙蓉

四蔬食：煨茄脯、混套、醋烹银针、珍珠菜

细点：金团、运司糕、水粉汤团、杨中丞西洋饼

饭粥：鸡粥，配二小菜：高邮腌蛋、大头菜

餐后水果一品：应时水果各吃

送客香茗：

第二单　鹤禄（随鸾鹤禄宴）

诗曰：

一枝花对足风流，何事人间万户侯。
生把黄金买别离，是侬薄幸是侬愁。
【寄聪娘】（清·袁枚）

宾至丽人献茗：武夷岩茶

奉四干果、四茶食：

二冷点：新菱、鸡豆糕

配德州卢酒

前菜八品

四冷荤：爆腌肉、白水羊头、家乡腌肉、凉拌肉

四冷素：莴苣脯、虾子拌干丝、茭白脯、香干菜

随园佳肴

宴会头汤：蘑笋鸡肚四珍燕窝汤

四大菜：吴道士萝卜鱼翅、杨中丞鳆鱼豆腐、烧小猪、云林鹅

四热炒：汤少宰芙蓉肺、笋煨火肉、酱瓜炒野鸭片、假蟹

汤羹：龚司马乌鱼蛋

四饭菜：煨牛舌、两做鲟鱼、盖碗酒煨肉、黄芪蒸鸡

四蔬食：蒋侍郎豆腐、酱炒面筋、炒小青菜、虾油炒蓊菜

细点：鳗面、小馒头、小馄饨、韭盒

饭粥：五谷粥，配二小菜：芝麻菜、醉泥螺

餐后水果一品：应时水果各吃

送客香茗：

第三单　長寿（随意長寿宴）

诗曰：

不作高官，非无福命祇缘懒；
难成仙佛，爱读诗书又恋花。

（清・袁枚）

宾至丽人献茗：常州阳羡茶

奉四干果、四茶食：

二冷点：重阳栗糕、都林桥软香糕

配四川郫筒酒

前菜八品

四冷荤：白片鸡、酱肚、钱观察芥末拌海参、鲞冻肉

四冷素：酱石花、拌天目笋丝、腌冬黄芽菜、椰菜

随园佳肴

宴会头汤：徐明府嫩鸡鱼圆

四大菜：松菌燕菜、鸡腰煨鸽蛋、红烧鹿筋、鸡汤火笋煨鱼翅

四热炒：生炒甲鱼、酱瓜炒水鸡、葱椒土步鱼、爆炒黄鱼

汤羹：随园羊肚羹

四饭菜：醋搂鱼、煨麻雀、笋煨火肉、煨野鸭冬笋

四蔬食：火腿煨黄芽菜、炒杨花菜、油焖笋、炒小菠菜

细点：肉馄饨、鳝面、面茶、天然饼

饭粥：黍米饭粥，配二小菜：冬芥、茭瓜脯

餐后水果一品：应时水果各吃

送客香茗：

第四单　随喜（随喜花烛宴）

诗曰：

寒夜读书忘却眠，锦衾香尽炉无烟。
美人含怒夺灯去，问郎知是几更天。

【寒夜】：（清·袁枚）

宾至丽人献茗：洞庭君山茶

奉干果四品、茶食四品：

二冷点：新栗、酥饼

配湖州南浔酒

前菜八品

四冷荤：醋拌蛰头、酱肚、醉虾、糟鲞

四冷素：熟藕、酱炒三果、石花糕、酱松蕈

随园佳肴

宴会头汤：鳝丝羹

四大菜：甜酒烧扒猪头、白煨鹿筋、魏太守蒸鸭、蜜酒蒸刀鱼

四热炒：瓠子炒鱼片、假野鸡卷、孔亲家野鸭团、煎车螯饼

中汤：何春巢蛏汤豆腐

四饭菜：葱烧黄鱼、杨公团、淡菜煨肉、罗蓑肉

四蔬食：素烧鸡、虾油豆腐、煨三笋、醋搂黄芽菜

细点：裙带面、合欢饼、萧美人点心、杏仁酪

饭粥：鸭糊涂粥，配二小菜：腐乳、虾油小菜

餐后水果一品：应时水果各吃

送客香茗：

第五单　咏春（随和咏春宴）

诗曰：

重裘逢二月，神手步芳林。残雪有余色，百花无竞心。
踏青苔影薄，禁火客愁深。倾耳碧溪畔，黄鹂迟好音。
【春寒】（清·袁枚）

宾至丽人献茗：六安瓜片茶
奉干果四品、茶食四品：
二冷点：青团、青糕
配常州兰陵酒

前菜八品

四冷荤：煨猪腰、酥鲫鱼、糟鸡、炸虾子鱼
四冷素：春笋马兰头、雪菜青蚕豆、酱瓜什菜、素烧鹅

随园佳肴

宴会头汤：徐明府芋羹
四大菜：芜湖陶大太煎刀鱼、清蒸鲥鱼、鸡汤煨斑鱼（河豚）、尹文端公姜汁鲟鱼
四热炒：韭菜炒鲜蛏、酱瓜炒水鸡、茭白炒肉、雪梨炒鸡片
中汤：谢太守肉片汤
四饭菜：红煨鹿肉、烩虾圆、煨鸡肾、蒋御史鸡
四蔬食：春笋炒芹芽、程立万豆腐、炒苋菜、吴文广煨茄
细点：花边月饼、春间煮芋、萝卜汤团、韭盒
饭粥：鸡豆粥，配二小菜：酱姜、腌蛋
餐后水果一品：应时水果各吃
送客香茗：

第六单　沁夏（随兴沁夏宴）

诗曰：

牧童骑黄牛，歌声振林樾。
意欲捕鸣蝉，忽然闭口立。
【所见】（清·袁枚）

宾至丽人献茗：白豪银针

奉四干果、四茶食：

二冷点：三层玉带糕、熟藕

配溧阳乌饭酒

前菜八品

四冷荤：白盐双味、芥末拌鸡丝、醉蚶、鲞鱼冻

四冷素：酱石花菜、风瘪菜、腌冬菜、糟菜

随园佳肴

宴会头汤：笋蕈海参羹

四大菜：郭府鱼翅炒菜、家分司蒸鳗、杨中丞焦鸡、红枣煨蹄膀

四热炒：随园鼓虾、炒蟹粉、灼八块、炒斑鱼片

中汤：蚶子羹

四饭菜：酱炙排骨、沈观察煨鹌鹑、海堰蒸蛋、荔枝肉

四蔬食：煨三鲜、酸菜、菜花头京肉、芥菜炒蚕豆

细点：小馒头、沙糕、虾饼、煨莲子

饭粥：绿豆粥，配二小菜：酱王瓜、酸菜

餐后水果一品：应时水果各吃

送客香茗：

第七单　赏秋（随荫赏秋宴）

诗曰：

霜雁一声语，烟江两岸秋。芦花三十里，吹雪满船头。

我欲乘潮去，孤帆夜不收。苍茫云树外，明月出瓜洲。

【夜过瓜洲】（清·袁枚）

宾至丽人献茗：黄山毛尖

奉干果四品、茶食四品：

二冷点：粉衣、火腿酥饼

配苏州陈三白酒

前菜八品

四冷荤：酱鸡、熏煨肉、肴冻、水芹拌野鸡丝

四冷素：腌苔菜、芥末拌青菜、拌茄泥、椒油杨花菜

随园佳肴

宴会头汤：蟹羹

四大菜：鸡菇红煨海参、杨中丞鳆鱼豆腐、庄太守鳆鱼煨鸭、江瑶柱冬瓜脯

四热炒：烩虾圆、带骨甲鱼、炒野鸡丝、韭菜炒蛤蜊

中汤：黄鱼羹

四饭菜：鸡汤煨猪手、家分司蒸鳗、八宝肉圆、姜汁煨鲟鱼

四蔬食：芋煨白菜、张恺豆腐、鸡汤煨蕨菜、肉丝茭白

细点：刘方伯月饼、百果糕、千层馒头、鳝面

饭粥：贡米香饭，配二小菜：芝麻菜、酱莴苣

餐后水果一品：应时水果各吃

送客香茗：

第八单　煨冬（随遇煨冬宴）

诗曰：

小步闲拖六尺藤，空山来往健如僧。
栽花忙处儿呼饭，夜读深时妾屏灯。

【遣兴杂诗】（清·袁枚）

宾至丽人献茗：梅片茶

奉干果四品、茶食四品：

二冷点：雪花糕、金陵白云片

配金华酒

前菜八品

四冷荤：酱石花、冯观察叉烧鸭、尹文端家风肉、风干牛舌

四冷素：虾油小菜、腌黄芽菜、虾干拌腐皮、煨茄脯

随园佳肴

宴会头汤：龚司马烩乌鱼蛋

四大菜：清炖鹿肉、高南昌捶鸡、魏太守生炒甲鱼、钱观察神仙肉

四热炒：清炒季鱼片、冬芥炒虾、酱炒甲鱼、红煨羊肉

中汤：芋头鸭羹

四饭菜：何兴举干蒸鸭、脂油煮萝卜、家分司蒸鳗、煎车螯饼

四蔬食：火腿煨白菜、虾肉炒台菜、汤炒扁豆、金镶白玉板

细点：素面、颠不棱、麻团、萝卜汤圆

饭粥：八宝粥，配二小菜：腌台菜心、喇唬酱

餐后水果一品：应时水果各吃

送客香茗：

第九单　斋素（随缘斋素宴）

诗曰：

千枝红雨万重烟，画出诗人得意天。山上春云如我懒，日高犹宿翠微巅。

【春日杂诗】（清·袁枚）

宾至丽人献茗：雨前龙井

奉干果四品、茶食四品：

二冷点：鸡豆糕、重阳栗糕

配绍兴花雕酒

前菜八品

蜜炙人参笋、春笋马兰头、雪菜青蚕豆、天目笋丝、

候尼蝴蝶萝卜鲞、牛首僧豆腐干、芥末青菜、挪菜

随园佳肴

头汤：三笋羹

四大菜：陶方伯家制葛仙米、芜湖敬修和尚腐皮卷、定慧庵僧煨木耳香蕈、定慧庵血珀冬瓜

四热炒：芜湖大庵和尚炒鸡腿蘑菇、鲜笋炒青菜、章观查冬笋天花炒面筋、醋搂黄芽菜

中汤：苋羹

四饭菜：卢八爷烧茄子、龚司马问政笋丝、煨冻豆腐、芋煨白菜

四蔬食：孟亭太守炒瓢儿菜、清炒杨花菜、春笋芹芽、松菌蒿菜

随园细点：蓑衣饼、温面、天然饼、陶方伯十景点心

饭粥：五谷粥，配二小菜：酱莴苣、喇唬酱

餐后水果一品：应时水果各吃

送客香茗：

第十单　清真（随府清真宴）

诗曰：

青芦叶叶动春潮，堤上杨花带雪飘。
满地月明仙鹤语，碧天如水一枝箫。
【春日杂诗】（清·袁枚）

宾至丽人献茗：金骏眉

奉干果四品、茶食四品：

二冷点：卢雅雨运司糕、栗糕

配山西汾酒

前菜八品

四冷荤：白水羊头、苏州鱼脯、糟鸡、风干牛舌、

四冷素：熟藕、香珠豆、椒油杨花菜、天目笋丝

随园佳肴

宴会头汤：羊肚羹

四大菜：烤羊肉、白煨鹿筋、茗茶蒸鹿尾、獐肉脯

四热炒：炒羊肉丝、栗子炒鸡、茭白炒鱼片、煨牛舌

中汤：藏八太爷萝卜鸡圆

四饭菜：煎鲥鱼、砂锅羊头、栗子炒鸡、西门桂卤鸭

四蔬食：蒋侍郎豆腐、炒鸡腿蘑菇、干炒苋菜、虾肉炒台菜

细点：全圆、孔藩台家制薄饼、杏酪、韭盒

饭粥：圆真僧粥，配二小菜：熏鱼干、冬芥

餐后水果一品：应时水果各吃

送客香茗：

跋

乙未初秋，与诸好友聚于金成隆京味食府，席间白常继先生展示新作《随园菜》初稿及版式，并嘱我作跋。这是白常继先生继《白话随园食单》之后第二本关于随园菜的著作。

“随园”乃清中叶著名文人袁枚的自宅园林，袁枚为文自成一家，与纪晓岚并称“南袁北纪”。此外，袁枚还是位美食家，四十岁致仕后即归隐南京小仓山随园。

《随园食单》是袁枚四十余年美食品鉴的记录。在《随园食单》序中，袁枚写道：“每食于某氏而饱，必使家厨往彼灶觚，执弟子之礼。四十年来，颇集众美，有学就者、有十分中得六七者、有仅得二三者、亦有竟失传者。余都问其方略，集而存之，虽不甚省记，亦载某家某味，以志景行。”

这本描述乾隆年间江浙地区饮食与烹饪技术的笔记，详细记述了他所品尝过的三百多种菜肴饭点，是一部非常重要的清代饮食名著。

白常继先生早期钻研豆腐烹调，以“京城豆腐白”之号闻名北京。2005年张文彦先生发起成立“随园食单研究会”，邀请了三十几位烹饪大师、专家学者，历时一年半，将随园食单逐字推敲，并试作复原，白常继亦在其中，由此与随园食单结缘，并深入研究。

要从文人所著的饮食笔记中复原当时菜肴，是一件相当困难的工作！因为文人毕竟不是厨师，笔记小说也不是食谱。《随园食单》虽然记载比其他饮食笔记详细，仍然不足以作为烹调指南，尤其是许多食材、调味料，不仅名称古今有异，甚至今日已无迹可寻。这都需要极有耐心地考证、寻找，再遵循烹调原理逐步复原。

白常继先生新作《随园菜》的出版，无疑是随园食单研究的一个里程碑。此书文字浅显、理路清晰、图片精美，略有烹调基础便不难由此书重现随园风味，对我辈饕客而言，实乃一大福音！

面痴　高文麒

2016年2月

后记

清代文坛巨擘袁枚与纪昀齐名，被号称为“南袁北纪”。作为乾隆年间“江左三才子”之一、诗坛盟主，他不光擅吃、会吃，而且还能下厨烹饪。集四十余年的美食体验，袁枚铸就了一部饮食名著《随园食单》。它详细记录了流行在康乾盛世时期的326种菜肴和点心。“须知单”与“戒单”互为表里，山珍海味、羽畜杂牲覆盖全面，小菜粥饭、香茗玉液首尾呼应，理论实践、技法应用无不尽述，真可谓姹紫嫣红、琳琅满目。

《随园食单》一书深邃透彻，虽时隔三百年，但其影响不能不使后人为之震撼倾倒。就其学术价值而言，《随园食单》可以说前无古人、后无来者，今人更是无法超越。其中的许多观点和认知，直到现在，都值得我们学习和借鉴。

“随园菜”是以江南风味为主，博采各系各派之所长，独立形成自己特有的风味。其注重摄食养生、选料严格、刀工精细、制汤考究、五味调和、少油洁净，色形典雅、口味卓绝；虽奢华却不暴殄天物，虽精致却不矫揉造作，虽繁杂却不落俗套，是我国灿烂的饮食文化当中，最具典型的杰出代表。

在很早以前，笔者就非常喜欢《随园食单》。这是一部被翻印最多的饕界圣典！自二十世纪八十年代初一直到现在，光笔者手里就有十八九个版本之多。并且笔者还陆续收藏了袁枚所著的《小仓山房集》《随园诗话》《子不语》，以及《袁枚全集》等。

笔者最早知道《随园食单》这部宝典，是从受业恩师高国禄先生那里听到的。上世纪八十年代初，《随园食单》开始在全社会也得到极大的重视。北京、杭州、福建、上海、河南、四川、南京等地，都在按照《随园食单》所述，研究和仿制“随园菜”。其中的卓有成效者当属南京“金陵大饭店”的薛文龙大师。1984年薛大师任职于“香港世界贸易中心”，将“随园菜”重新带入大雅之堂。

在北京，1983年由艾广富、马宝兴、冯恩源（现为中国烹饪协会副会长）、高国禄等一大批老一辈的烹饪大师和专家学者，组织成立了“西城烹饪协会”。艾广富大师是首任副会长兼秘书长，当时协会内部有个分工，其中一项就是专门研制“古典名著”中的精品菜肴。比如由“来今雨轩”的孙大力大师负责研制“红楼菜”，由笔者的恩师高国禄大师负责研制“随园菜”。

高国禄大师（1930— 2001），北京人，师承“四大名厨”之一的王兰大师。高大师所在的工作单位，就是享誉老北京的“八大春”之首，以制作“江苏风味”著称于世的“同春园饭庄”。高大师当年为了深入地研究《随园食单》，曾多次亲到南京等地考察交流。

笔者在恩师的带领和影响下，苦心钻研、制作“随园菜”二十余载。恩师去世以后，为了完成恩师未竟的事业和毕生的夙愿，笔者更是发奋努力，并多次专程来到南京随园故地，以及《随园食单》中所提到的一些珍贵食材产地，进行实地考察和调研。

2005年，由国际饮食养生研究会张文彦会长，带头发起并成立了《随园食单》研究会。当时邀请了周秀来、张铁元、李正龙、王文桥、曾凤茹、冯志伟、袁树堂和笔者等三十九位烹饪大师及专家学者，历时一年半，将《随园食单》逐字逐段地推敲解读，并将《随园食单》所载菜品逐一试制。诸位大师、学者轮流抽出宝贵时间出席这一盛举，而笔者则更是每场不落，并记录了大量的笔记和心得体会。2007年2月，研究会出版了《再现随园食单》一书。此书将《随园食单》所载菜品，全部仿制、拍照、再现，笔者有幸全程参与了这部书中所有菜品的制作。

2008年，笔者在《中国烹饪》杂志，开辟了讲解《随园那些菜》专栏，以每月一期的形式，连载了笔者二十余年来研究、制作“随园菜”的心得体会。后来在孙春明先生帮助下，由北京铭凯玉兴餐饮管理有限公司王洪彬先生资助，由中国商业出版社出版了《白话随园食单》一书。此书一经出版后反响强烈，很快脱销并再版发行。

2013年7月“随园菜”在北京市东城区申遗成功，由此笔者正式成为“随园菜”非物质文化遗产传承人；翌年在石家庄创办“随园小築”。根据笔者多年来的实践经验，“随园菜”最大的特点是可高可低。也正是因为如此，使得笔者借“随园小築”，真正做到了“昔日王谢堂前燕，飞入寻常百姓家”，使随园菜走上百姓餐桌。

从《随园食单》上记载的326种菜点来看，实际上应该共有389道菜。因为有的是一道菜被分成几种做法，如猪肺二法、海参三法等。笔者此次从中精选出近200道菜，标注其原文出处、写出制作方法，并将菜品加以演绎。尽最大可能使其通俗易懂，力争为挖掘、继承、整理、弘扬“随园菜”，做出自己应有的贡献。

除此以外，笔者特别想要说几句心里话。由于近些年来，人类为了求得眼前的一点蝇头小利，肆无忌惮地疯狂破坏我们所赖以生存的环境，灭绝人性地盗捕滥杀，使得很多本来就极其稀有名贵的动物、植物受到灭顶之灾！其中有相当一部分，已经到了即将灭绝的濒危境地。

关于本书里面多次提到“随园菜”中所使用的，以各种珍稀名贵的动物、植物作为食材的问题，笔者特此郑重声明：为了返本归元，本书里面的所有内容，只做历史文化遗产的传承，和业内学术研究之用，而并非是诱导他人作恶！同时，笔者作为一名厨师，在此庄严立誓：“爱护环境，拒绝使用所有受到国家保护的珍稀动物、植物作为食材，以保护一切稀有名贵的动物、植物作为己任！”

《随园菜》一书耗时一年有余，经过多方努力终于完成。2016年恰逢袁枚先生诞辰300周年，出版发行《随园菜》，一是为表达对袁枚老先生的敬慕之情，送上一份真诚的生日贺礼；二是为了不断地挖掘、继承、整理、弘扬“随园菜”文化，使随

园菜真正地从书本上走下，进入千家万户。

此时此刻，笔者思潮汹涌、感慨万千。虽然此书为笔者拙作，但却非吾一人之功。多年来，笔者在继承、研制和弘扬“随园菜”的道路上，得到了相关单位和各界专家、学者的指导和帮助。常言道：“天地有好生之德，世人当具感恩之心。”

在此首先要感谢的是笔者的良师益友张文彦先生。张先生发起并成立《随园食单》研究会，为笔者对于《随园食单》进行深入研究，提供了宝贵的经验；感谢“北京南北一家餐饮有限公司”以及总经理董晓辉先生；著名书法家徐光耀先生为本书题赐书名；著名书法家高路、邢颖先生为本书题词；摄像师栗石毅、高弘先生，为本书菜品进行拍照所付出的辛勤劳动；高文麒先生为本书题跋；冯建华先生为本书撰写《随园食单赋》。

感谢“晋阳双来饭庄”张畅忠先生；“随园京味楼”孙鹏先生；“味之源”朱加国先生；同时感谢冯建华先生、朱振亚先生对本书的文稿进行校对，以及所有为本书提供大力帮助的单位和朋友们，在此一并致以最为诚挚的谢意！

由于水平有限，本书难免有挂一漏万、引据不周、错解食单之处，还望诸公笑阅斧正，常继虚心受教。

正可谓：芳茗一盏岂能尽如人意，玉液两杯但求无愧我心。

白常继

丙申正月初一于北京